U0907931

母爱毋伤

[美] 布兰达·史蒂芬斯——著
郭典典——译

北京联合出版公司
Beijing United Publishing Co.,Ltd.

图书在版编目（CIP）数据

母爱毋伤 / (美) 布兰达・史蒂芬斯著 ; 郭典典译 .
-- 北京 : 北京联合出版公司 , 2022.10
ISBN 978-7-5596-6456-3

Ⅰ . ①母… Ⅱ . ①布… ②郭… Ⅲ . ①女性心理学—亲子关系—通信读物 Ⅳ . ① B844.5-49

中国版本图书馆 CIP 数据核字 (2022) 第 178430 号

北京市版权局著作权合同登记 图字：01-2022-4408

Recovering From Narcissistic Mothers: A Daughter's Guide
By Brenda Stephens, Lpcc

母爱毋伤
作　　者：［美］布兰达・史蒂芬斯
译　　者：郭典典
出 品 人：赵红仕
策　　划：张　缘
责任编辑：徐　鹏
封面设计：仙　境
版式设计：豆安国
责任编审：赵　娜

北京联合出版公司出版
（北京市西城区德外大街 83 号楼 9 层 100088）
北京华景时代文化传媒有限公司发行
北京中科印刷有限公司印刷　　新华书店经销
字数 80 千字　　880 毫米 ×1230 毫米　　1/32　　6. 5 印张
2022 年 10 月第 1 版　　2022 年 10 月第 1 次印刷
ISBN 978-7-5596-6456-3
定价：58. 00 元

献给遭受自恋型母爱创伤、寻求疗愈的人

也献给我的母亲

你的勇气鼓励着我

母爱
毋伤

导 读

自恋型母亲的由来，以及一条新的道路

你是如何知道自己的存在的?

心理学家通过观察婴儿发现，来自外界的认可让婴儿知道自己的存在。当一个婴儿躺在床上伸手拨弄床边的铃铛，铃铛会发出“丁零零”的声音。这种声音让婴儿意识到自己的手部动作给这个世界增加了一些声音，让这个世界变得有一点不同。铃铛的声音让婴儿知晓手的存在，铃铛“认可”了婴儿。我们成年以后，也需要外界不断的认可，一个失灵的电梯按钮有时都会让我们抓狂——这个世界怎么了?！时时刻刻，我们都需要环境的准确认可。

我们的物理存在被牛顿第一定律时刻确认着，不然我们随时都有可能飞出地球。那心灵的存在呢？当一个婴儿微笑时，她会看到温柔的表情在妈妈脸上绽放；当婴儿咯咯大笑时，妈妈的笑容随之变大，并模仿婴儿发出“咯咯”的声音。婴儿得以知道，她的这种内心变化——被妈妈称作“开心”——可以牵动另外一个人，就像手指拨动铃铛可以听到响声一样。妈妈的笑容认可了婴儿快乐的体验。当妈妈理解了婴儿的各种体验，如饥饿、困倦、尿布粘在屁股上不舒服的感觉，就会给出恰当的回应，这些回应让婴儿确定那些看不见的内在体验是存在的，就像自己的手一样无比真实。随着不断长大，婴儿和环境的互动更加复杂，体验也会更丰富。比如第一次抚摸小猫，第一次吃到辣的食物，当孩子有这些新鲜的体验时，她们的目光都会投向妈妈，好像在说：“妈妈你看！”妈妈温柔的注视就是在回答“是的”。被看见，所以存在。将这些体验整合到一起，就是被心理学家称为“自体”（self）的东西，通俗来说，就是“我存在”的感觉。

然而，如果孩子的内心体验无人回应与认可，那么会发生什么呢？首先，得不到回应对婴儿来说是致命的。由于成年人都没有婴儿时期的记忆，所以很难清楚地回忆起这种痛苦。但是在和许多自体受损的来访者接触时，我能读出他们身上都存在一种共同的感受，那是一种模糊而又十分强烈的空虚感，就像一个无底的黑洞，一阵真空中的耳鸣，嘶吼却发不出任何声音的窒息感，有时感觉自己是一摊碎片，不知道要怎么粘起来，内心混乱，几近崩溃。

作为成年人，在获得了所谓的成就、爱慕、性之后，我们会有一种浅浅的疲惫与空虚感；在自己的情绪被无视时，会产生一种强烈的心口被堵住的感觉（比如失恋时，被外人轻描淡写地评价“多大点事儿啊，想开点”）。我们都会有这种感受，在婴儿的内心世界里，痛苦只会更加强烈，因为他们还太小了，比成年人更加无助，还没有积累足够的积极体验。得不到回应，婴儿会认为自己不存在。

为了抵御这种“我不存在”的痛苦，婴儿会发展出一个幻想中的自我，且这个幻想恰巧被外界强化。比如，在两孩政策、三孩政策还未放开时，中国的很多家庭是四个祖辈、一对父母和一个孩子的结构。稀有性让家庭成员将孩子的一举一动“神迹化”，认为或者期待孩子是天才儿童，而对孩子真实的情绪，却缺少回应。孩子会在内心中构建出一个虚构的自体。一旦进入学校，孩子不可避免地会在学习中受挫，此时孩子可能会有一种自体破碎的感觉——如果我不是天才儿童，那我是谁呢？很多好学生进入大学，发现评价标准不再只是分数，也会有自体受挫的感觉——如果分数不重要了，那我是谁呢？一个从小被夸赞漂亮但其他方面都被人忽视的女性，在衰老时也能体会到自体破碎的恐惧——如果美貌流逝，那我是谁呢？

可见，我们每个人或多或少都能体会到一刹那的存在危机。有些人比较幸运，他们内心的真实体验得到了身边人更多的肯定，内心的自我感更强烈，积极的体验也让人更有勇气接受自己的平凡和不完美；而有些人则没有那么幸运，只能发展出一个虚构的自我来维持自己的存在，后者就是本书所说的“自恋型人格”。当然，每个人的性格都是复杂立体的，与其给一个人贴上“自恋”的标签，不如去观察和反思我们每个人身上都存在的自恋特质，或者说是自体受损的部分、没有被温柔注视的部分。

自体受损的女儿

被看见，所以存在。自恋的本质是由于真实的自我无法被看见，孩子和环境一起构建出一个虚假的自我。在自恋研究中有一个很有象征意味的例子：一个孩子早夭，父母为了摆脱悲伤生了次子，次子延用了已逝长子的名字。即使父母给了次子很多呵护，但这个孩子的自体发展仍然堪忧，因为那些爱其实不是给他的，而是通过他给了那个已经逝去的孩子。“我只是一个工具，爱从我的身上流过，什么都没留下。真实的我，从未被妈妈看到。”这样的孩子成年后，即使取得了很多世俗意义上的成就，也免不了被空虚感蚕食。

名字成为封印自我的咒语，给女儿取一个象征意味十足的名字，这种现象在中国被极其广泛地复制。有一群女儿，她们有一个共同的名字——招娣。或许没有哪片土地会像这里一样，过分期待男婴的降临，以至于我们想用一个婴儿的生命来召唤另一个生命。招娣，这个名字如流水线上的产品编号，烙印在这些女儿的生命中。还有一群女孩儿，名叫胜男。女孩们从出生就被放在了一个以男性为参照系的坐标轴上，不停求胜的背后隐藏着“不是男孩”的遗憾，父母给她们的是刻在名字里有条件的爱，胜男们都被迫构建出一个虚构的自我。

招娣

在重男轻女的文化中，招娣的性格中或多或少会有一种自体受损的感觉，就像本书中所描述的那样——总是被忽视或被贬低。我不受他人欢迎，我要如何做才能获得父母的喜欢？好像只能成为服务他人的工具。招娣们很早就意识到，只有自己能为别人所用时，才能分得父母一点点的注意力。这就不难理解，为何很多招娣早早就决定将自己的一生奉献给赡养父母、抚养弟弟和成为贤妻良母这项事业。

然而值得注意的是，以奉献换取他人的爱，这种方式并不总是奏效。由于从未被真实地看到，儿童时期“想要成为妈妈世界的中心”这种渴望从未被满足，自恋受损的招娣们，内心渴望的不是两个独立的人相互守望，而是一种高度融合，一种子宫之于婴儿的无私的、无限丰盈的、永远不会令人失望的关注和满足。这种爱在两个成年人之间很难存在，但是在当今数不胜数的爱情童话的诱导下，很多女儿都认为这种感觉真实存在。当女儿们在恋爱中失望受伤时，她们更愿意相信“如果我更加体贴、更加听话、更加漂亮、更加忠诚，我就可以得到幻想中的爱”。或者，招娣们会告诉自己：“我已经得到了幻想中的爱，只是我想太多、太贪婪、太不懂得珍惜。”在现实层面，这些信念虽然让女儿们不断退让，但的确维持了她们心中对爱情的幻想。也许读到这里，你的脑海里会浮现出一些被人称为“恋爱脑”的女孩形象，但是请大家尝试去理解，对一个无助的孩子来说，这个幻想是她自己唯一能掌控的东西。一个幸运的、食物多到吃不完的孩子，可以轻易地吐出一个坏掉的苹果；但是，一个饿坏了的孩子只会大口吞下所有能放进嘴里的东西。而且，这样的自我操控心理在生活中很常见——你觉得爸妈偏心弟弟？不是，爸妈对你已经够好了，别不知足。你觉得爸妈对你不好？那还不是你做得不够好。我们怎能要求一个孩子提着自己的头发将她拔出自己的世界呢？

自恋受损的招娣们，另一个重要特征是想当然地付出。因为现实太过贫瘠，女孩们只能沉浸在幻想的高浓度的爱中。这导致她们虽然付出很多，却很难看清楚眼前这个人怎么样，他需要什么。盲目付出，对方的感觉也不会好。

因为这种付出本质上否认了另一个人的存在，你看不见真实的他，这种付出暗含着一种强买强卖的意味——我都对你掏心掏肺了，你还不爱我吗？这种女性形象比较符合书中所写的“合群自恋型”。但是在重男轻女家庭里长大的女性，可能没有太多机会向外发展自己的事业，招娣们只能更多地为家庭效力。

招娣的儿女们对这种强买强卖式的付出体会更深。比如妈妈为了照顾孩子，做了全职妈妈，牺牲了自己的职业发展。孩子们一边心怀愧疚，一边被妈妈的控制压得喘不过气，他们宁愿妈妈能多关注她自己的生活。可悲的是，习惯了付出的招娣们，一旦有了一个不会利用她、真心爱她的女儿，她们获取爱的常规方式就失效了——如果你不要我的付出，我该如何获得爱？此时的招娣虽然已经成了妈妈，但她心里那个小女孩儿却陷入了恐慌。因为妈妈的权力实际上高于孩子，所以这种恐慌不会以恐惧的面貌出现，反而会以愤怒或憎恨的面貌示于人前。此时，孩子的感受是，如果我不接受妈妈的付出，不以感恩之心回馈她，妈妈就会厌恶我、抛弃我，这加深了亲子之间的隔阂。但是回头看看我们就会发现，孩子对妈妈的爱其实是最纯粹的：我希望你快乐，你快乐了我才能快乐。这本来是最美好的爱的流动，可惜自体受损的妈妈从来没有体验过这种爱，只能回之以嫌弃和拒绝。这种互动模式可能很早就出现在了招娣的恋爱、交友中。她对爱的理解过滤掉了那些不把她当作工具的人。这反向强化了她的世界观——爱的确是通过牺牲换来的，因为她的世界里充斥着利用她、把她当成工具的人。当招娣成为妈妈时，出于母爱本能，她迫切希望女儿早日熟知这个法则，以防女儿带着愚蠢的幻想在现实世界里撞得头破血流。在这种迫切心情下，很多妈妈贬低和否认女儿对非工具化的爱的需求，否认女儿对平等尊重的期待和要求，妈妈想保护女儿，却不知这副“铠甲”已经把女儿伤透了。

胜男

除了招娣，还有一群受到创伤的中国女儿，或许是受创伤更重的一群女性，她们甚至都没有被别人当作工具的机会，工具人可以得到的那一点点爱的残羹冷炙，她们也没办法得到。童年时，她们内心的需求得不到准确的回应，还经历了很多身体和言语暴力。这些无助的女儿需要幻想出一个强大的自我来与危险残酷的现实对抗。加上重男轻女文化的影响，这些女儿隐约地将自己之所以受到虐待和女性身份联系在一起（这在很多地方的确是事实），从而把女性和弱者、受虐联系到一起，把男性和强者联系到一起，进而构建出一个男性或强者的虚幻自我。做女儿时，她们期待自己成为男性、强者；做母亲时，她们期待女儿能成为男性、强者。这就是胜男们的故事。

胜男的妈妈可能是在20世纪60年代或更早出生，童年创伤叠加了时代创伤，很少有机会修复，这导致她们虚构出来的自我离现实更远，需要更多对现实的扭曲和控制来保持幻想的稳定。在那个时代，自体受损的男性通过改变世界来构建他们夸大的自我（比如这句话，“男人是要干大事的”，他们的确比女性更有机会干大事），但世界并不向女性的雄心敞开大门。特别是在中国的婚恋文化中，女性如果有雄心的话，也只能通过“驭夫”或者“母凭子贵”来实现。也就是说，中国女性的雄心只有一条出路——控制和改变家人。于是，在中国形成了一个典型的家庭结构：强势的母亲、无能的父亲、被控制到失去灵魂的孩子。

在自恋的视角下，丈夫是那些雄心无处施展的女性们与世界交互的工具，所以在传统的女性择偶观中，财富、社会地位与是否忠诚是考量一个男性最重要的标准，这决定了丈夫是否容易驾驭，以及通过驾驭丈夫能在世俗意义上获得多大的成功。这往往会形成一个悖论，容易被驾驭的男性往往没有太多自发的企图心，难以获得世俗意义上的成功；有野心的男性根本不容易被驾驭。结果只有两种：前一种，丈夫取得的现实成就无法令妻子满意，自体受损的妻子对丈夫会有一种极深的鄙视和憎恶，因为这不仅意味着丈夫的失败，也意味着自己幻想的破灭；后一种，丈夫功成名就，预防丈夫出轨就成了妻子一生的事业。婚姻是一堵围墙，将女性分为婚内和婚外两种。自体受损的妻子将所有婚外女性视为攻城之敌，且把自己对女性特质的厌恶都投射到她们身上，羞辱那些具有性魅力的女性。这种对婚外女性的敌视具有泛化倾向，比如，女教师对女学生、母亲对女儿的打压和羞辱。

“驭夫”是一项不易的事业，很多胜男在辅佐丈夫事业和勇斗第三者时表现出的谋略、勇气、决心、观察能力和社交手腕，如果可以投入自我发展中，应该会获得更大的满足。然而，由于文化的规训和对自己女性身份的厌恶，她们很难抛却“驭夫”的手段自己去和世界互动。

比起丈夫，孩子显然更容易被控制。特别是对丈夫感到失望或失去掌控力之后，孩子是妈妈唯一的寄托。命运开的玩笑是，这群女性在成为妈妈时恰逢实行独生子女政策，一个厌恶女性、厌恶弱者的妈妈可能只有一个女儿，这第二次打破了妈妈对男性、对强者的幻想。为了维持这个幻想，胜男们出现了。

妈妈期望女儿成为男人，或者是比男人还强的人，唯独不希望她成为女人。胜男可能会觉得妈妈似乎是爱自己的，因为妈妈在自己身上花费了大量的心血与金钱；但是有时似乎又觉得妈妈憎恨自己，憎恨自己是个女孩，也憎恨自己的眼泪、脆弱、犹豫，憎恨自己想要休息、想要玩耍、想要漂亮的裙子。

特别值得注意的是，在控制欲强的妈妈、无能的爸爸这样结构的家庭中，同处于被控制、被严格要求的女儿和爸爸可能会结成一个秘密联盟，女儿好像只有在爸爸那里才能获得一丝喘息。这更强化了胜男们要远离女性、成为男性或需要被男性解救的想法。这种心理状态可能在很长一段时间内都是自洽的，但是远离女性友谊会让女儿们错失探索更多女性存在形式、与女性建立联结的可能。妈妈不等于所有女性，如果能意识到这一点，并对作为女性的自己抱有更加开放的心态，女儿的人生可能会更丰富、自由。如果爸爸出轨或对母亲暴力相向，女儿目睹了爸爸对妈妈的伤害，就会既为妈妈心痛，又为自己被妈妈控制而痛苦。在父母夹击中，胜男们动弹不得。父母都不是女儿心灵的避难所，这种经历可能让女儿不敢相信任何人，成年后会回避亲密关系。

女儿与妈妈的和解

本书中，读者可以从女儿的角度理解自恋型母亲给自己带来的伤害，这种察觉是十分重要的。我想分析一下“自恋的母亲是如何形成的”这个问题。

每个受伤的女儿可能都会问：妈妈为什么要这么对我？还是小孩子的时候，我们没有能力在更宏大的视角下去回答这个问题，唯一的答案就是：我不够好。这个答案保护了妈妈，保护了唯一能给我们提供爱和安全感的人，即使这个人给我们带来的伤害可能远甚于爱。“我不够好”这个答案也给我们一丝希望——如果我变好，我就可以得到爱。虽然这种认识并不正确，但能让童年时的我们靠着这一线希望活下去，不至于对全世界失去信心，我们还能收获一些掌控感。但成年后，我们可以开展更多的人际关系，如果仍秉持着“我不够好”的信念，就会让我们接受那些糟糕的关系——我本身就不够好，只能和这种人交往。很多自恋型母亲的女儿都会在糟糕的关系中泥足深陷，这很常见。

让我们继续追溯自恋型母亲的成因，在重男轻女文化的长久浸染下，女性的自体受损具有普遍性、集体性。妈妈，这个曾经的女儿，和所有女儿一样都有一个共同的特征——不是男人。因为不是男人，女儿们都要去构建某种虚幻的自我。从某种意义上说，这个世界上所有女人都叫招娣，因为很遗憾，我们不是男人，只好以某种方式为男人服务，做他们的姐姐、妻子、母亲。这样的现状令人痛苦和愤怒，我们成了胜男，我们比任何人都厌恶招娣、害怕成为招娣。我们会因为自己比男人更像男人而骄傲，讨厌自己的女性特质，讨厌女性化的男人。

如果只是痛恨妈妈，女儿们很容易陷入痛恨女性的陷阱，从而在“招娣”和“胜男”的剧本里打转。只有当女儿们真的明白虚构的自我从何而来，才能真正抛弃那些被物化的名字，找回真正的自己。

为了避免误会，母女之间的和解需要有一个清楚的定义。很多人以为和解就是女儿们接受“妈妈也不容易，她也不是故意的，我就不要生气了”这种想法。这不是和解，而是在否认自己的痛苦。和解的基础是理解，女儿要先理解自己所受的伤，然后才能理解妈妈所受的伤，这个次序不能颠倒。因为人只能通过理解自身去理解别人，如果我们还没有整理好自己的痛苦，将它好好安放，那么别人的痛苦（特别是亲近之人的痛苦）很容易就会淹没或者模糊掉我们自己的真实体验。这样，我们既不能理解自己，也不能理解别人。

女儿在整理自己的痛苦时，不可避免地会对妈妈产生愤怒。希望女儿能稳稳地站在以自己为圆心的世界里，允许愤怒甚至憎恨的存在。不要太快转移到妈妈的视角，替她们感到委屈。这不意味着母女关系的决裂，女儿首先需要时间直面自己的心。请相信时间，相信母女之间的天然联结。实际上，女儿要去理解妈妈，本质上是去理解作为女儿的妈妈受到了怎样的创伤，如何形成了现在的性格。只有真的让自己做回女儿，不去为妈妈的情绪负责，承认妈妈对自己的伤害，才能真正理解作为女儿的妈妈曾经受到了怎样的伤害。

走一条和妈妈不同的路，听起来像是一种背叛，实质上是在疗愈妈妈。淋过雨的人愿意给别人撑伞，而那些受过创伤的人，淋过雨就不相信会有晴天。创伤在代际之间传递，从某种意义上说是妈妈在给女儿传递一种生存法则。比如，只有自我牺牲才能换来爱，只有强者才能活下去，快乐是危险的，没有人会真心爱你……这些生存法则对童年时期的妈妈的确有效，但现在或许已经失效了，可妈妈仍然活在创伤记忆中，坚信女儿只有严守这些法则才能生存。可悲的是，妈妈本想通过传递生存策略让女儿免受伤害，但传递这些生存策略本身就是在让伤害重演。当女儿顺从妈妈，接过这些生存策略，其实侧面印证了过去的威胁仍旧存在；而当女儿放弃这些生存策略，用自己的方式也能过得很好，实质上是在挑战这些威胁。这个世界不一样了，不用这些策略我们也能过得好。

一个常常催婚的妈妈，她内心的剧本可能是这样的：女人只有结婚才能过得好，女人只有提供资源（比如年轻、能生育）才有价值。在妈妈自己年轻时所生活的那个年代，这些观念或许是真的。如果女儿为了不让妈妈担心而贸然走进婚姻，实际上是认同了妈妈的观念，用自己的悲剧证实了妈妈内心剧本的正确性。但是，当女儿用自己的方式过得好，就挑战了这些剧本的真实性。这虽然会让妈妈陷入一时的焦虑，实际上却让妈妈看到了一个更好的世界，这是女儿给妈妈最好的礼物。

当然，即使给了，女儿却不知道妈妈能否接受这个礼物。很多受过创伤的人，都不愿意相信安全世界的存在，怎么可能没有伤害呢？比如，从小被忽视的人不相信真的有人在乎自己。当一个在乎自己的人出现时，她反而会破坏这段关系。因为对于长时间承受痛苦的人来说，绝望是更容易的选择。不是每一个妈妈都有能力接受女儿的礼物，我们都需要为没有一个完美的妈妈而哀悼。但是女儿们要意识到，无法与生母和解不代表女儿们是一群在人世游荡的孤魂。女儿们可以做自己的母亲，可以做彼此的母亲。

做自己的母亲

很多女性有能力创造生命，却没有能力创造灵魂。我们知晓很多备孕的生理知识，却很少有人讨论一个女性是否准备好了去创造一个灵魂。何况，长久以来，生育的主动权从不掌握在女性手里。有多少女性是怀着创造灵魂的欣喜而决定生育的呢？人类这个物种依靠着女性基因里本能的母性延续到现在，真是一个奇迹。

你是如何知道自己的存在的？现在让我们再次回到开头的问题。

观察过母婴互动的人都会发现，母亲和婴儿之间有一种特殊的注视。母婴的目光似乎被什么无形的东西连在了一起，似乎有爱在温柔地荡漾，母婴周围形成了一个小小的安静的世界。这种无言又甜蜜的相互注视在坠入爱河的人身上也能观察到（“眼神拉丝”这个新近网络词语形象地描述了爱情中双方的注视）。实际上，科学家发现，当母亲和婴儿相互注视时，两人的脑电波会慢慢同频，这种同频有利于婴儿的语言和认知能力的发展。此外，母婴相互注视时，两人的大脑都会分泌出一种叫作“催产素”的化学物质。催产素又称作“依恋荷尔蒙”，作用于人与人之间的相互联结，让人感觉到不孤单。理解和爱，这些空虚缥缈的词语由此才有了物质基础。

我们可以说，母性是一种温柔的注视。在母亲的注视中，婴儿的存在感慢慢成形。这种存在感是神经层面的大脑发育，也是心理层面的自体完善。自恋型母亲由于自体缺损，只能活在自己的世界中。她无法看到真实的孩子，只能看到这个孩子在她内心世界里的投影。母婴通过一层由创伤造成的扭曲的“滤镜”艰难对视。这样的妈妈有能力生育，却没有能力给婴儿塑造灵魂。

做自己的母亲（reparenting yourself），指的是你本应从父母那里得到爱、理解与尊重，现在你要自我关爱、自我弥补。这些抽象的概念都蕴含在母亲对婴儿温柔的注视中。就在此刻，停下来，看着你自己。你看到了什么？你或许看到了一个困惑的自己，对自己与妈妈的关系感觉不对劲，但不知道问题出在了哪里。你或许看到了一个疲惫的自己，在困惑和伤害中苦苦挣扎，努力寻找出口。你或许看到了一个冷漠的自己，伤害反复重演，你只能默默接受。不管你看到了什么，尝试着不要改变她，也不要移开目光，像一个妈妈注视着她受伤的婴儿那样注视自己，允许任何感受出现。

亲爱的读者朋友们，我想和你们分享我看到的画面：我看到一个女儿，刚刚从缠结的母女关系中一步步走出来，刚刚学会用自己的眼睛而非妈妈的眼睛去看这个世界。这个世界并不美好，有很多受伤的女儿，有些已经做了母亲，有些还没有生育，还有些因为受尽折磨而心死。不过，这个世界也可以很美好，因为女儿们都处在一种相似的创伤里，我们并不孤独。女儿们给予自己和彼此的温柔注视会共同创造出一种真实，虚构的世界将化为泡影。

希望本书只是一个开始，让我们都开始温柔地注视，找回真实的自己。

认知神经科学博士、中国心理学会注册心理师 **庄媛**

2022年6月

目录

第二章　在自恋型母亲的养育下成长

第二部分　疗愈自恋型母亲带来的创伤

第三章　处理情绪

第四章　管理关系

第五章　突破循环

第六章　关怀自己

前　言

当艾丽卡（Erika）开始咨询时，她在受理表格上填写的内容比我的许多来访者多得多。我一方面感激她提供了充足的信息，另一方面也为她笔下关于母亲的故事感到震惊。我见识到一位缺乏边界、纠缠不休的母亲，试图强行控制自己已经成年的年轻女儿。结果是，女儿变得焦虑、抑郁，甚至惊慌失措，这些强烈的情绪淹没了她的生活。艾丽卡以前看过几个心理咨询师，但他们似乎都不了解自恋型虐待带来的潜移默化的严重伤害。很少有咨询师意识到这也是一种虐待，以及它与身体暴力、情感忽视等更加明显的虐待有什么不同。孩子遭受的来自自恋型母亲的虐待很微妙，外人通常无法察觉。然而，孩子却能从内心深处感受到这一点，并且早早就建立起一套防御机制，以保护自己免受来自自恋型父母的情感折磨。他们本应该信任父母，并且从父母身上寻求认可。

我叫布兰达·史蒂芬斯，是一名从业多年的心理咨询师。在从业生涯中，面对前来咨询的来访者，我开始发现他们某些人身上有着共同的困惑。我时常听到他们如此发问："我是疯了，还是……"这些来访者在自己的生活中迷失了。本该爱护、养育、照顾他们，认可他们的经历和情绪的人，却对他们进行了"煤气灯"式的心理操控[①]。成年后，他们也很难与其他人建立正常的关系。他们十分苦恼，认为问题都出在自己身上，不得不满怀愧疚地前来做咨询。毕竟，他们拥有的几乎所有关系都是不健康的。

我强烈建议遭受自恋型虐待的读者去接受心理咨询、精神护理，参加互助小组，或利用其他资源开始自己的疗愈之旅。越来越多的心理健康从业人员开始承认这种独特的、潜移默化的虐待形式，且已经为受其影响的来访者提供诊疗服务。如今，相关的专业服务人员有很多，多数心理健康从业者都希望能为来访者提供合适的服务。因此，为了能够找到带领你走上这段疗愈之旅的最佳人选，在接触之初，你大可放心地询问他们是否了解这种类型的虐待。

---

① 即煤气灯效应（The Gaslight Effect），是一种心理操控手段，操控者通过长期将虚假、片面或欺骗性的话语灌输给受害者，从而使受害者怀疑自己，质疑自己的认知、记忆和精神状态，最终控制受害者的思想和行为。[编者注]

你可能会对我在书中提到的那些故事和案例感觉非常熟悉，仿佛自己也有过类似经历。在从业过程中，我发现自恋型虐待的本质是那样惊人地一致。我常对来访者说，好像每个自恋狂都掌握了同一套虐待手段。同时，受虐者的应激反应、长期反应和内心的伤痛也惊人地相似。

我希望你能明白，你并非孤身一人。读完这本书，你将能更好地识别自恋型虐待，以及它曾经如何无孔不入地影响了你生活的方方面面。更重要的是，你将学会如何疗愈自我，如何建立并保持健康、有养分的关系。你会对自恋型人格障碍及其成因有更深入的理解，也会学到如何在人际交往中保护自己不再受类似操控，还会学到面对自恋者最重要的防御技巧：建立并维护边界。

这本书将如何帮助你

本书分为两部分。

第一部分将帮助读者深入了解自恋型人格障碍及其发展路径。你会发现，尽管自恋型人格障碍的确诊标准非常严苛，自恋型人格的表现却是一个连续谱系。了解这一人格障碍能让你意识到，自己并不是自恋者嘴里所说的那个样子。自恋者有许多种，并不是每一种都符合医学书籍和常规案例中的确诊标准。了解了自恋型人格障碍的成因，你可能会对自恋者产生同情和同理心，因为他们通常也是由于自身的创伤经历才发展出这种人格障碍的。当然，有同情和同理心并不意味着我们就应该原谅自恋者带来的伤害，但它能让你真实地面对自己。更重要的是，它能让你明白，受到虐待并不能说明你自己多么糟糕，相反，这恰恰表明了施虐者曾经受到的伤害有多深。

阅读本书的第二部分，你将获得重拾身份认同、从内心深处重新认识自我的力量。一旦开始肯定自己的价值，自爱和自我关怀也就随之而至了。你会明白被认可有多么重要：自恋型母亲的女儿会花费大量的时间来寻求他人的认可，却找不到任何方法弥补这方面的缺失。你会明白，建立自尊是可能的，你可以做自己的父母，为自己提供童年一直渴望的认可、呵护与爱。书中的练习、故事和案例将教你识别来自父母的自恋型虐待，了解它如何影响了你的一生。

创伤修复是非常艰难的，需要花费很多时间。渐渐地，那个你从未见过、一直深藏在心底的自我将破茧而出。疗愈没有捷径，但疗愈过程中带来的每一点细微变化都会让你感到惊喜。一旦开始培育核心自我（core self）[①]，你再也接受不了对自我进行贬低的行为，而是会把慷慨给予他人的尊重和善意也给予自己。

---

① 核心自我，是指个体对自身能力和价值所持有的最基本的认知。每个人都有核心自我，这是由我们的情绪状态、成长背景、创伤经历等积累而成的产物，大多数时候我们不会去想自己是什么样的人，但核心自我确实存在。［编者注］

第一部分

辨识自恋型母亲

如何辨识你的母亲是否有自恋型人格障碍？你能否足够客观地做出判断，有没有可能因为身处其中反而无法说清自恋型人格障碍究竟为何物？本书第一部分将会讲述自恋者有哪些特点和自恋型人格有哪些不同的类型。有了这些知识，你便能更好地识别自恋型人格障碍。

这一部分，我们将从相关研究与理论出发，介绍自恋型人格障碍在个体身上的不同发展路径及其对育儿的影响，着重分析为何自恋型母亲养育出的女儿会怀疑自己的价值，产生自己总不够好的感觉。我们还将探索这些受到伤害的女儿为何总倾向于通过成功来寻求他人的认可，可无论取得了多大的成就，她们的内心好像依然有永远无法弥补的缺失。无论她们在事业和个人生活上多么成功，自我破坏、过度警觉、焦虑、抗压能力弱和低自尊，会一直困扰着她们，这种种的负面情绪就像躲在黑暗中的怪兽，不知道什么时候就会突然冲出来将她们捕获。自我怀疑会耗费掉她们所有的精力，让她们的生活变得暗淡无光，甚至将自己的成功也归因于外在环境。了解了自恋型人格障碍的成因，以及它为何在当今社会日益常见，对于大众来说，这种谜雾重重的人格障碍也将不再那么神秘。

第一章 自恋型人格障碍

母爱毋伤

希腊神话中，纳西索斯是个相貌不凡的人物。他很虚荣，把所有追求者都拒之门外。在他伤了太多人的心之后，一位女神对他下了诅咒，让他爱上了自己。纳西索斯在一个水塘中看到自己的倒影后，便再也不肯离开。每当他要捧池水喝时，水中美丽的倒影就会消失，于是他只能呆呆地坐在水边盯着自己的影子，逐渐疲惫而死。现代意义上的“自恋”一词就是源自这则神话①。

《精神障碍诊断与统计手册》（*Diagnostic and Statistical Manual of Mental Disorders*）第五版对自恋型人格障碍的诊断标准有如下几个：**有极强的自我价值感。沉迷于对无限成功、权力、才华、美貌或理想爱情的幻象。认为自己是“特殊”而独特的，只能被其他特殊或地位高贵的人或机构所理解或与之交往。要求过度的赞美。**了解了这种人格障

① 英文中Narcissistic（自恋）一词，便源自纳西索斯的名字Narcissus。［译者注］

碍的来源，我们就能理解，自恋者出口伤人时也说明了她的情绪有多么崩溃。自恋者会因为自己的痛苦而攻击他人，了解了这一点，你就明白自己没必要相信自恋者说的那些残酷言辞。这是走上治愈之路的第一步。

自恋型人格障碍的成因

虽然我们对自恋型人格障碍的成因尚没有彻底的认识，但这很可能是环境、基因和大脑连接方式共同作用的结果。有时自恋型人格的形成是因为父母表扬过度，他们希望借助孩子的成就增强自己的自尊心。

在治疗中，临床医师发现多数自恋型人格障碍患者都在童年时期遭受过冷遇或虐待。通常，孩子们感受到自己在父母眼里并不重要，自己的需求也从不被优先考虑。长大后，他们会为这种经历寻求过度补偿，想赢得他人的关注和认可，打造出一副受人欢迎的形象。无论成因如何，结果都一样：自恋者会像父母一样，继续建立不健康的虐待型关系。下面，我们将介绍可能导致自恋型人格障碍的几个因素。

忽视型养育

习惯了忽视孩子或对孩子漠不关心的父母会营造出一种不健康的教养环境，孩子很难茁壮成长。我们还不完全了解这种不当的教养方式具体给孩子造成了何种影响，不过，在父母的忽视中成长起来的孩子，一旦情绪不堪重负，他们的内心就会崩溃。他们还有可能缺乏自我认同感，因为他们花了太多时间去讨父母的欢心，或是竭尽所能地吸引父母的关注，不论这种关注是好还是坏。被忽视的孩子被迫充当起自己的父母，逐渐“父母化”，因为除了自己，没有人能够满足他们的需求。

“父母化”的孩子，童年是有缺失的，他们感觉自己被抛弃了。长大成人后，他们也缺少强烈的自我意识，因为这种畸形的亲子关系消耗了太多的时间与精力。父母的忽视往往让孩子产生深刻的自我怀疑。因为家庭关注的缺失，这些孩子渴望从外界获得认可和尊重，以证明自己还是一个健全的人。儿童通过童年时期的关系——首先就是与父母的关系——学会共情。如果不能从照料者那里得到认可和关爱，他们就不会知道共情为何物，也不懂得如何与他人共情。

过度表扬或宠溺

说到自恋型人格形成的这一路径，我首先想到的就是灰姑娘的两个继姐。继母将她们视为自己生命的延续，经常过度夸赞她们。在继母的教育下，两个继姐变得肤浅又自私，需要别人的时候则加以利用，不需要时就弃置一旁。这种形成路径不那么常见，但确实存在。照料者——通常是父母——是儿童最早的学习对象，孩子就像小海绵那样，将自己听到和看到的东西照单全收。如果从小就告诉一个孩子她有多么特别，她很可能会信以为真。如果父母不教导孩子要为自己的行为承担后果、权力需要自己去争取，那孩子就会瞧不起其他人。这样的孩子长大后，会认为不幸的人都是作茧自缚，只和少数自己瞧得起的人打交道，对其他人则都不屑一顾。不论是哪种原因导致的自恋，自恋型人格都有两个标志性特征：缺乏共情能力和夸张的自我优越感，同时认为只有和自己一样优秀的人才值得关注。

过度批评

过度批评可能会导致自恋，这种说法似乎有点自相矛盾。然而，人类的大脑总是试图寻找某种平衡。如果孩子童年时总被照料者过度批评，在成长过程中她会利用心理暗示来挑战、对抗现实。为了向自己和父母证明自己的价值，她会产生一种过度补偿心理。面对持续不断的批评，她会在肯定与怀疑的矛盾心理中反复挣扎。她对那些负面的话语和信息信以为真，为了证明自己有能力，她很有可能会过于争强好胜。

不幸的是，来自外界的批评和指责最终会占据上风。在成长过程中，孩子陷入了一场内心的战争：认为自己比别人说的更有价值，又总是怀疑自己不够优秀。过度批评对所有人都是有害的，孩子则更加无力应对经常性的斥责所带来的情绪波动。过度批评孩子，会破坏她应对变化和调节情绪的能力。

创伤

当我们谈论创伤时，你可能会发现某种共性。我在工作中，最常见到的创伤是复合型创伤，它是长期遭受虐待、不合理指责以及目睹他人——通常是家人——被虐待的产物。在充满虐待倾向的家庭里，痛苦只能由孩子们独自承受。即使风平浪静的时候，孩子也放松不下来：他们在等待下一轮混乱、下一场威胁的爆发。他们变得异常警觉，没办法放松警惕。他们与其他家庭成员之间的关系也不好，和兄弟姐妹的关系尤其糟糕，因为他们要争夺父母的关注，有时还要争夺食物等基本的生活必需品。虐待会磨灭人的自尊心，让受虐者认为自己毫无价值，觉得自己是施虐者的负担。而且，在这种环境下长大的孩子不会产生足够的自我认同感、自我意识和自尊心。日渐成熟的过程中，他们可能会发展出一些自恋特质，因为他们必须寻求他人的认可来填补自己内心的黑洞。来自他人的欣赏是自恋者赖以生存的命脉，通常被称为“自恋供养”。

期待过高

期待过高与过度批评虽然有相似之处，却也值得单独谈一谈。这些父母把孩子视作自己的延伸，把孩子的失败看作自己的失败，他们期望孩子成龙成凤，不允许孩子犯错或失败。这可能会从多方面导致孩子发展成自恋型人格。有一种可能是，孩子消耗了太多的能量去满足父母的期待，却没有足够的时间去思考自己是谁、自己生命中真正重要的东西有哪些。只有成功了才能感知到自己真的存在，因为这是她唯一的价值所在，她希望自己能把每一件事都做到最好，并且会将那些自己做不好的事、不认可自己的人贬低得一无是处。高期待导致自恋，还有可能是当孩子无法满足父母的期待时，她不得不编造一套现实，想象自己在其他方面高人一等。

基因异常

对大脑的运作方式，我们还有很多不了解的地方。多年来，人们一直以为人格障碍是一个人的情绪管理能力和处理人际关系的能力不足。如今，有越来越多的证据表明，人格障碍（包括自恋型人格障碍在内）的产生有神经性的原因。

卡米拉·扬科维亚克－苏达（Kamila Jankowiak-Siuda）[①]和沃伊切赫·扎科夫斯基（Wojciech Zajkowski）[②]发表在《医学科学评议》（*Medical Science Monitor*）杂志上的研究指出，“在情感领域，共情是分享和共同体验他人感受的能力。从认知角度看，共情是想象、理解他人情绪的能力以及对他人想法、意图和渴望有所意识的能力，又叫作‘心理化’或‘心智理论’”[③]。他们扫描了一些自恋者的大脑，扫描结果显示这些人大脑中处理共情反应的区域存在官能障碍，这种缺陷导致他们格外关注自我而非他人。缺乏共情能力是自恋者的基本特征。

---

① 分子生物学家和临床心理学家。

② 认知神经科学研究专家。

③ 该文章为《自恋者共情缺陷机制的神经模型》（*A Neural Model of Mechanisms of Empathy Deficits in Narcissism*）。

自恋型社会

《临床精神医学》（*Journal of Clinical Psychiatry*）杂志上的一篇论文指出，自恋型人格障碍在美国的患病率大约为6%。研究指出，男性患病的比例（7.7%）高于女性（4.8%）。

如前所述，基因或环境对自恋型人格的影响，相关的研究还不足，有一部分原因是很少有自恋者会主动来寻求治疗。值得注意的是，美国的社会结构依然是鼓励和赞赏自恋特质的。无论男女——但男性尤甚，自信果断的人往往能获得更大的成就。此外，社交媒体和消费主义也影响着我们的自我认知和价值取向。我们开始相信，自信的关键在于开最好的车、做最好的工作、拥有最迷人的外貌。我们变得越来越肤浅，越发缺乏共情能力，越来越以自我为中心。

“自恋”这个词会在各种场合被人们随意提起，是因为我们目前所处的社会在许多方面都鼓励和促进人们变得自恋。尤其是社交媒体和消费主义对女性的物化，促成了一种恶性循环：奖赏肤浅的行为，忽略真实的个体。

辨识自恋型人格障碍

根据《精神障碍诊断与统计手册》第五版，下列标准满足五条便可确诊为自恋型人格障碍。

◇ 拥有极强的自我价值感。

◇ 沉迷于对无限成功、权力、才华、美貌或理想爱情的幻象。

◇ 认为自己是特殊而独特的，只能被其他特殊或地位高贵的人或机构所理解或与之交往。

◇ 要求过度的赞美。

◇ 自以为应该得到一切的权利感。

◇ 人际关系中展现出压迫行为。

◇ 缺乏共情能力。

◇ 嫉妒他人，或相信他人嫉妒自己。

◇ 行为自大或傲慢——自负、自夸、自命不凡。

许多临床医生认为自恋型人格障碍是逐渐发展而来的。我们见证了某些来访者从起初的具有某些自恋特质，到后来发展为完全的人格障碍。自恋特质每个人都有，但只有它给你的日常生活带来持续的负面影响时，医生才会认为你出现问题了。让我们一起来看一下自恋型人格障碍的具体表现。

自恋者是机会主义者

因为缺乏共情能力，自恋者经常表现出人际压迫行为，最典型的就是利用身边的人来实现自己的利益。为了让自己的行为看起来合情合理，他们还会轻易歪曲事实，甚至能让受害者认为自恋者的意愿符合他们自身的利益。在所有关系中，这种行为都是冷酷无情的，当一个母亲这样对待自己的孩子时，我们尤其不能接受。亲子关系中存在天然的权力差别，父母的影响和期望对孩子来说至关重要。

自恋型母亲利用孩子满足自己的需求时，不会与孩子共情。具体看一下自恋型母亲和女儿的关系，可以说一直是一种纠缠不清的状态。母亲与女儿没有边界，她会把自己内心的情绪风暴和低自尊（尽管她绝不会承认自己有过这种感觉）压在女儿肩上。母亲视女儿为自己的延伸，利用她来建立自我意识。她会操控女儿，让女儿无限赞美自己，服从自己的要求。

自恋者与现实脱节

说到自恋者，我们常想到傲慢、极度自大和自以为应得到一切的权利感，但自恋者身上常见的妄想却很少被谈及。自恋型母亲通常活在自己头脑中构建的小世界里。她迷失在幻象中，并且确信这场无止境的梦是真实的，她就是自己想象的那个样子。为了活成那个理想化的自己，她会经常参与各种计划或行动，但往往因为见效不够快而放弃。

表面上看，这并没什么不好的影响，但自恋型母亲一旦让女儿加入这场幻想完美自我的旅程，女儿就会失去内驱力，将所有的重心都放到母亲身上。这种关系里的女儿变得父母化，因为一旦母亲从幻象中高高摔下，她会指望女儿来收拾残局，安慰她，她还如想象的那样完美。无论母亲的梦想是起是落，女儿都被忽视了，而母亲根本意识不到这一点。

自恋者会操控他人

操控他人是自恋者的典型特征，似乎也是他们的行事指南。其实，我们偶尔也会操控别人。或许你曾被一些无关紧要的人操控过，比如销售人员为了拿更高的提成会劝说你买更贵的产品，或者政客为了赢得你的支持会歪曲事实——你看中的候选人很糟糕，你应该支持他们的人。这种事很烦人，但不会影响你的情绪。

当一个占据权威地位或与你有情感联系的人操控你时，往往会挑你最脆弱的一面下手。按下哪个“按钮”能获得你的同情，外人大多不知道，母亲却一清二楚。从你一出生，她就开始研究你，对你了如指掌，操控你简直轻而易举。她会利用你的羞耻心和内疚感来控制你，让你满足她的需要。她会激发你的同理心和对她的责任心，并对此加以利用。一旦你有任何反抗，她还会非常严厉地批评你。

自恋者善妒

前面提到过，自恋型人格障碍通常是由虐待或忽视造成的，更有甚者，便是两者兼而有之。如果父母对孩子漠不关心，认为孩子毫无价值，孩子内心就会产生深刻的空虚感。他们会寻求更多物质上的满足，寻求其他人的关注和认可，以此来填补这种空虚。随着他们长大、成熟，自恋者会认为财富、美貌、社会地位和众人的追捧都是自己应得的。若是得不到，他们便更加痴迷、渴望。嫉妒是丑恶的，母亲对女儿的嫉妒更甚，这是自恋型母亲最隐秘、最阴险的行为之一。她不但没有承担起自己的养育责任，反而摧毁了女儿的生活。母亲可能会嫉妒女儿的美貌、年轻、成功，或女儿身上其他的一些优点，母亲会给女儿洗脑：女儿之所以拥有这些还不都是因为她生了她。她会操控女儿，要么让女儿认为自己毫无长处，拥有的一切都是靠运气得来的，要么让女儿相信她取得的成就根本就不值一提。

自恋者有优越情结

自恋者一辈子都在试图说服自己，自己是有价值的，而且比其他所有人都优越。她总想成为房间里最聪明、最富有、最漂亮的那一个。任何关注对她而言都证实了自己的优越，任何赞赏都是在给她的自恋提供补给。自恋者靠别人给她的“供养”生存，为了得到这种必需的养分，她什么都可以做。

在特定情形中，自恋者一旦觉得自己不再是最优越的那个，就会试着亲近自己心目中最优越的人。只要能接近那个自己崇拜的、能增强自己内心价值感的人，她可以忽视所有人，包括自己的女儿。我们不怎么谈论自恋者如何通过这种手段增强自尊心，但这种行为的确很常见，而女儿看到母亲竭尽全力讨好另一个人，同时却对自己百般嫌弃，会感觉非常受伤。

自恋者自命不凡

自命不凡与优越情结密切相关。自恋者花费了许多时间，说服了自己相信自己有价值，这时他们还需要别人持续不断地关注和欣赏自己，以供养自己虚弱的内心。自恋者会想尽办法展现自己的重要性，比如贿赂官员，把孩子送进名校，这样自恋型母亲就有了吹嘘的资本（试想一下，这会对女儿的自尊产生什么影响）。为了炫耀自己的财富，自恋者会不择手段，比如穿最好的衣服，住最好的小区，让孩子上最好的学校。为了能够继续吹嘘自己的成功，哪怕已经无力承担这些高消费，她也会毫不犹豫地背上债务。女儿能看到光鲜背后的丑陋：她知道母亲欺骗了房东，才住上了漂亮的房子，或者她得了一份在游艇上清洁的工作，便向不知情的朋友炫耀自己又乘游艇度假去了，全都是假象。

自恋者是物质主义者

自恋者很肤浅，沉迷于对物质的需求中。自恋型母亲觉得穿上价格高昂的设计师款服装，就能填补自己无法摆脱的空虚感。她会不遗余力地获取值钱的物件，相信它们能反映出自己的真实价值。前面提到，为了对自己有利，她十分擅长操控环境、歪曲事实。她花费大部分时间和精力让自己获得完整感，穿上新的设计师款长裙外出用晚餐时，她会感觉非常满足。晚餐结束，将长裙挂回衣橱时，空虚感重新浮现，她受不了这种感觉。她不能与空虚感共处，也不愿去想自己为什么会感到抑郁、孤单，觉得自己的人生毫无价值。她需要别的什么东西来分散她的注意力，于是她打开电脑，开始搜索自己能找到的最奢华的汽车，她会一直不停地搜索，直到第二天去车场试驾。获取物件带来的快感转瞬即逝，她们需要不停地满足自己内心的物欲，这个追逐与消失的过程因此会永无止境。

自恋者缺乏共情能力

我们很难给共情下一个具体的定义，但内心一旦生出这种情绪，我们都能感觉到。而且，当别人表现出共情时，我们也能有所感知。能够和他人共情，也是一个社会具有凝聚力的关键。因此，我们很难理解有人会完全没有共情能力。

来访者坐下来和我交谈时，会告诉我她们的自恋型亲人也会和他人共情，她们对此坚信无比。比如女儿说，和母亲一起看电影时，母亲会为影片里孤独的孩子落泪，她真的有共情能力啊。可以这么来解释，母亲在这一幕中回想起了自己的童年，她是为内心里那个年幼的自己悲伤，不是因为影片里的孩子才落泪的。女儿往往很难接受这种解释，因为她强烈地想证明自己的母亲慈爱又善良。意识到母亲并不是自己想象的那个样子，对女儿来说是一道难关。

小测试：你的母亲有自恋型人格特质吗？

请勾选引起你共鸣的叙述

- ☐ 在公共场合，你的母亲好像变了一个人？
- ☐ 她是否会猛烈抨击你的外貌？
- ☐ 她是否过分关注你的身材？
- ☐ 你是否感觉她在和你竞争？
- ☐ 她时而对你十分热情、关心有加，时而又拉开距离、格外冷淡？
- ☐ 她平日对你的兴趣不支持、不关心，而一旦你表现出色，她是否又会四处炫耀？
- ☐ 她是否总会询问你花了多少钱买你想要的东西？
- ☐ 她是否慷慨地为你张罗庆祝仪式，最后却被她抢了风头？
- ☐ 在你成长过程中，她是否会因为你做了某些适合你年龄的行为而羞辱你？

请记住，自恋型人格不是突然出现的，而是一个连续的谱系，在某些情形中会表现得非常极端。尽管只有专业的治疗师才能做出正式的诊断，但这个小测试依然能帮你了解自己的母亲是否有某些自恋特质。每个问题都与前文提到的特质相对应，你可以将它们与自己的经历进行比照。你会发现，自恋型母亲常常会将女儿视为自己的延伸，而她对女儿的批评通常都是她内心自我厌恶的投影。

案例 多娜想取悦母亲

我曾接待过一位名叫多娜的来访者。她的妈妈曾是难民，对女性的看法很老派，不管出不出门，每天她都要盛装打扮一番。她希望多娜追随自己的脚步，在外为她树立一个良好的形象。整个青少年时期，多娜都忠诚地遵守着母亲的要求。

多娜结识了一个有钱的男人，嫁给了他，搬进了令人艳羡的街区。多娜的母亲露出了骄傲的笑容。但母亲对多娜的期待也变得越来越高，她不断地给多娜施加压力，让她穿合适的衣服，开符合身份的车，千万别出风头，这样才能和街区里其他上层女性融为一体。随着时间的流逝，多娜的婚姻变得越来越不幸福，她开始怀疑丈夫也有自恋型人格障碍。许多人都想利用新的关系去修复旧有的关系，却往往会再次结识给自己带来伤痛的同类人。多娜认识到了这一点，感觉自己正在经历这样的循环。

多娜的婚姻开始破裂，丈夫对她不理不睬，还在两个人共同的朋友面前抹黑多娜。婚姻解体，孩子们也和她反目，多娜彻底被打垮了。除了母亲，她没有其他人可以依靠。她不得不搬回去和母亲同住。过去的虐待再次上演。

尽管这段婚姻让多娜遍体鳞伤，母亲却依然坚持让她不惜一切代价回到丈夫身边。母亲认为多娜应该和前夫复合，而且理由很充分。母亲会抛出一些不痛不痒的问题：丈夫一家今年会去哪里过圣诞节？孩子们能不能和周围的其他家庭保持良好的关系，以便日后能进入好大学？可是，和前夫复合能给多娜带来什么好处，母亲却从来没有考虑过。

每当多娜勉强尝试和丈夫和解，便会得到母亲的赞同；一旦和解失败，就会遭到母亲的白眼。多娜变得越来越沮丧，小病小痛也找上门来。但每当多娜和家庭医生预约好了去看病时，母亲就会突然生病，多娜不得不取消预约来照顾母亲。这种关系是有毒的。

从这个例子中可以看出，自恋型母亲的影响

并不会随着女儿成年而消失。女儿维持这段关系的原因有很多，不幸的是，她们持续受到虐待。我从业生涯中遇到过许多来访者，她们一直和母亲纠缠不清，她们会说“再怎么说她也是我母亲，我别无选择”或“她有时候也很可爱的”。我们有责任照顾自己的父母，这是社会灌输给我们的观念。一个自恋型母亲为了满足自己的需要，会利用内疚感、耻辱感甚至无助感来操控自己的女儿，她能将这种责任感更深刻地凿刻在女儿的心中。母亲的需求必须得到满足，哪怕这种需求会让她显得非常软弱和愚蠢。对关注和赞赏的渴求是自恋者无法戒掉的毒品，如果得不到关注和赞赏，自恋者虚伪的面具就会落下，她必须直面内心深处的空虚和痛苦。

母亲渴求别人的关注，对地位永不满足，多娜对此有很深的体验，已经见怪不怪了。即使成年后，多娜依然被母亲当作自己的延伸。母亲控制着多娜，为了维护她们之间的关系，多娜对母亲的要求几乎可以说是言听计从。离婚让多娜情绪波动，还要花心思安抚母亲剧烈的情绪，多娜感觉筋疲力尽，生了病，正常生活都维持不下去了。她整天躺在床上。尽管多娜和母亲住在一起，而且别无他处可去，却怎么也打不起精神和母亲互动。母亲无法忍受自恋型人格供养的主要提供者与自己疏远，于是扮演起受害者来。她利用女儿的责任感、共情、同情心甚至怜悯心，来获得自己迫切需要的关注。

多娜失去了一切：健康每况愈下，因为丈夫的抹黑，孩子和朋友都不再理睬她。她精神崩溃了，绝望的她只得更紧密地蜷缩在母亲身边，忍受虐待。不过，她逐渐认清了自己和母亲之间究竟是一种什么样的关系。查阅了自恋型人格障碍的行为表现和确诊标准后，多娜私下认为母亲患有这种人格障碍。

只有专业的心理健康从业者才能做出正式的诊断，很多时候这种诊断都没法开展。因为自恋者不认为自己有什么问题，也不会主动来寻求治疗。治疗师在诊室里见到的自恋者往往是同伴侣一起来的。一旦自恋者意识到自己无法操控治疗师时，这种咨询通常很快便会结束。如果自恋者触犯了法律，或者需要通过法律程序离婚，法官有时也会要求其接受治疗。不过你应该能想象得到，被迫接受治疗的自恋者往往不会从治疗中获得多少益处。

自恋者的不同类型

自恋者有许多不同类型，你的母亲可能更符合其中的一种。越了解母亲的自恋动机，你就越容易设定边界。自恋行为可能是很微妙的，而且母亲在你面前拥有绝对的优势地位。从小到大，她都在给你讲述她的故事，而你很难分辨她说的是真是假。对母亲的了解越多，你就能越好地保护自己。比如，如果你有一个合群自恋型母亲，看到她因为善举被赞扬，你可能会困惑，因为你见识过她残忍暴虐的一面。了解不同类型的自恋型人格，能帮你驱散笼罩在你和母亲关系上的迷雾。

合群自恋型

“合群自恋型”这个概念有点复杂，可能会让人疑惑不解。合群还自恋，这不是自相矛盾吗？一个沉迷于自我的人怎么想合群呢？

这还得从动机说起。所有自恋者都有操控他人的倾向，但合群自恋者有其高明之处。多年来，我接触了许多不同背景的来访者，他们的父母有的是绿化工人，有的是脑外科医生，形形色色的人都有。合群自恋型父母的共性在于他们在职场的表现：他们会利用自己的社会职能做好事，来满足自己的自恋冲动。

最明显的例子就是自恋型牧师。在我看来，对于一个伤痕累累的自恋者来说，没有什么职业比做教堂领头人更适合的了。我曾经接待过三位来访者，她们都是牧师的女儿。牧师这个职业能从许多方面为自恋者提供“自恋供养”。作为牧师，自恋者总能掌控局面，获得赞赏。此外，她的信仰中充斥着无条件的爱，可以说是万事俱备了！再加上社交媒体的推波助澜，在网上自恋型母亲可以接触到无数的人，可以轻易获得别人的认可与肯定。每次去教区做善事，对她来说都像打了一场胜战：她获得了人们的感激、接纳和赞赏，甚至还有教友会追随她的脚步、效仿她的行为。

隐秘自恋型

隐秘自恋者是最不好辨识的一类自恋型患者。有些人一见面就告诉你他手上的劳力士值多少钱，这种自恋者我们很容易发现。然而，有人会在派对上把你拉到一边，绘声绘色地向你描述他亲身遭遇的一场车祸，我们却很难认为这种人也是自恋者。隐秘自恋者会以别人不易察觉的方式来获得自己需要的关注和赞赏。他们可能会“不小心”把信件落在桌上，让你看到他们拿下了多么了不起的工作，你赞美他们时，他们又表现得很谦虚。如果你偏巧没看到信，他们就会想尽各种办法引起你的注意，然后责备你对他们的头等大事毫不留心。为了得到你的夸奖，他们有时会先勉为其难地夸你几句，不过这些夸奖往往是有条件的或者言不由衷的，“你要是多化化妆，一定很漂亮”，或者“我上学的时候总拿A，但你拿的这个B也不错”。

我们通常认为，自恋者不会扮演受害者角色，但是隐秘自恋者却经常这样做，而且行事很巧妙。为了吸引你的关注，他会详细告诉你他是如何从梯子上摔下来伤了后背。对了，他可是为了帮一位老太太拯救困在树上的小猫咪才爬上去的哦。

恶意自恋型

这是“毒性”最大的自恋者，也是最显而易见的一种。在童年时，他们受到的伤害最重，拥有的共情能力也最弱。这种自恋者控制欲强、偏执又残忍。我的来访者多娜最终从母亲家里搬了出来，但母亲执意要留下她搬家用的一个纸箱。多娜问母亲要纸箱干什么，母亲回答说：“这箱子的尺寸刚刚好，适合藏尸体。”多娜被这句隐藏着威胁意味的话吓坏了，母亲却马上变脸说自己是在开玩笑。

我接待过很多的来访者，在我们会面期间，他们的电话一直响个不停。他们知道电话为什么会响，一点也不觉得奇怪。他们查看手机，发现在50分钟的谈话时间里，自恋型亲人给他们狂发了148条信息。不知道自恋供养源在何处，自恋者是无法忍受的。为把他们拉回身边，自恋者会用尽一切手段。

恶意自恋者脾气暴躁，甚至可能使用暴力，却反过来责备受害者“我受了你的刺激才会变成这样”。恶意自恋型母亲对女儿出言残忍恶毒，但自己需要供养的时候又指望女儿原谅自己。她会假情假意地道歉，却不愿为自己的行为承担任何责任，比如她会说：“你气死我了，导致我有点失控了，对不起。”

自恋型人格障碍的迷思

迷思 1：社交媒体让人变成自恋者

实际上，社交媒体不能让人变成自恋者，但它确实为自恋者提供了能轻易获得更多关注的平台。

迷思 2：自恋者都外向

我们以为自恋者都是乐观而外向的，其实不见得。举止平静的人不一定就不是自恋者。如果你感觉到一个人榨干了你的能量，就有必要探寻一下其中的原因了。如果他们让你感到大脑一团糨糊，或者感觉自己“快疯了”，请务必引起注意，那是你的直觉在提醒你注意大脑忽略掉的信号。

迷思 3：自恋者都低自尊

这种说法存在争议，有人说对，有人说错。我认为人们是受到了表面现象的迷惑。考虑到人格障碍都是由不健康的心理状态导致的，从某种程度上来说，这种说法基本正确。

迷思 4：自恋型人格障碍患者可以拥有健康的关系

鉴于自恋型人格障碍的标志性特征之一是缺乏共情能力，这种说法并不正确。要拥有健康的关系，就必须关心他人，这没有商量的余地。

迷思 5：你可以改变自恋者

许多人长期对自恋型亲人保持忠诚，都是出于这个缥缈的愿望。我们希望他们会改变，希望母亲会为她造成的伤害向我们道歉，那时我们才会觉得自己是一个完整的人。可是，自恋者是不会改变的。

自恋型母亲的武器

自恋型母亲的女儿受到了刻骨铭心的伤害。她们自身的情感发育困难重重，要么被迫高度警惕地活着，时刻等待下一场混乱的爆发，要么想让自己隐形，以免成为母亲虐待的目标。她们不相信自己的判断，长大后也走进极端依赖的关系中。女儿没有机会发展自我认同感，成人后一旦进入一段由对方掌控局面的新关系，她就会感到迷惘又绝望。她可能经常受到批评，甚至因此而出现恐慌、进食障碍或者偏头痛等症状。如果没能学会识别自己的情绪、没能从照料者那里取得认可，我们的情感发育就会受到阻碍。以下是自恋型母亲常用的武器。

缺乏边界

在自恋者眼里，他人的边界就是阻碍自己实现控制欲的障碍。因为母女关系存在天然的权力不平等，自恋型母亲觉得自己在女儿面前不需要遵守什么规则。她们之间没有秘密可言，母亲对女儿的一切都有权过问。因为在母亲面前没有隐私可言，女儿学会了隐藏真实的自己。对母亲的一切要求她都默默顺从，因为这比直面母亲的暴怒要轻松得多。

自恋型母亲想高度控制自己的女儿，这对女儿而言是毁灭性的。母亲会压迫女儿，只要她能清除所有障碍，就能随心所欲地从女儿身上索取自己需要的自恋供养。如果母亲能打造出一个对自己百依百顺的女儿，她就拥有了最重要的“精神毒品”：持续的关注和认可。

边界的缺失导致母女间的关系变得纠缠不清，二人的角色常常是模糊的。女儿可能被当作朋友，有时甚至需要扮演父母的角色，让母亲觉得有人需要自己、有人照顾自己。女儿很小就暴露在成人世界的环境中，接受来自这个世界的信息，而她还没有足够的情感去应对。她的童年被剥夺了，无法像一个孩子那样无忧无虑、备受关怀地成长。

毒性羞耻

许多精神问题的根源都是羞耻。我们偶尔会感到羞耻，这种情绪有时候是有助益的，它可以让我们遵守社会规范。但羞耻一旦成为常态，就是毒性的了。

自恋型母亲会有策略地去羞辱孩子，希望孩子把母亲放在第一位。为了避免更多的羞耻，孩子会服从母亲的一切要求。要彻底控制一个人，有什么比让他们为自己的存在感到羞耻更好的办法吗？自恋型母亲是制造毒性羞耻的大师。她有时间也有精力去蛀蚀女儿的观点、想法、自信和自我认同感。一旦这样做了，自恋型母亲就拥有了一切权力。女儿担心受到羞辱，会按照母亲希望的去做。

羞耻如果被孩子高度内化，就可能成为他们所有行为的出发点。羞耻还会带来其他问题，比如慢性焦虑、抑郁和低自尊。从小在羞辱性的环境中成长的女儿，很容易受到他人的影响，因为她从小就被教育不能相信自己。羞耻会让女儿变得叛逆，不过她没办法冲母亲发作，那样可太危险了。为了逃避自己内心的感受，她会自残或者滥用药物，她只能将叛逆的刀子扎向自己。一旦陷入这种模式，女儿在母亲面前毫无胜算。

控制

本章已经多次提到，控制是自恋型人格不可分割的一部分。控制是所有自恋者身上共同的特质：自恋者的许多行为在一定程度上都源于控制欲。控制意味着不会发生意外，不必担忧自恋的面具掉落，暴露出隐藏在面具背后的脆弱面孔。控制还意味着自恋型母亲在需要的时候，可以随时获取供养。

自恋者需要掌控局面以避免受伤，这是他们所有行为的动机之一。《精神障碍诊断与统计手册》第五版称，自恋者表现出“脆弱的自尊，这让他们对批评或由失败带来的‘伤害’格外敏感。这种批评可能会长久地困扰着他们，让他们觉得羞辱、堕落、茫然、空虚，尽管这些表现可能不是很明显。他们会以轻蔑、愤怒或挑衅来反击”。

自恋型母亲不会因为对自己的女儿实施了控制而感到羞愧，因为对她而言，女儿已经被彻底俘虏。无论她表现得有多离谱，也不必担心失去这段关系，毕竟女儿还太小，没法独立，最终她只能认为这一切都是正常的。看到处于失控状态的母亲，女儿会感到非常不安，因而会竭尽全力避免同样的情况再次发生。

竞争

自恋者永远都想努力证明自身的价值——通常是向自己证明。竞争能让她坚信“自己比他人优秀”，哪怕竞争对象是她的亲生女儿。奇怪的是，即使输了，她也不认为自己有多差劲。她总能轻松地为失败找到借口，如自己没休息好、女儿耍了花招等等。胜出的结果就更明显了：她会获得优越感。这种感觉进一步证实了她对自己的偏见，哪怕这种胜利不过是买完菜后自己先从车里跑回家中。对自恋型母亲而言，没有微不足道的胜利，满足自己对赢的渴望比建立女儿的自信更重要。

自恋型母亲很可能把所有女性都视为竞争对象。她无法看到她们的价值，因为在她眼中，她们会对自己的美貌和价值构成威胁。女儿逐渐成熟后也变成了威胁，而自恋型母亲要尽力减少这一威胁。她会过度批评女儿，指出她的毛病，甚至拿女儿的缺点和自己的优点做对比。她认为美貌和身材才是定义女性价值的标准，她也是这么教育自己女儿的，并对女儿提出不合理的期待。女儿会觉得自己低人一等，并且错误地想变得像自己的母亲一样。这种病态的循环也一直在延续。

情感脱节

所有的人格障碍都有自恋型人格的影子，我们也通常能在家庭成员身上观察到不同人格障碍的各种特质。与照料者的情感脱节可能是这一现象的源头。如果照料者自己都情感无能的话，孩子就不得不独自学习如何与周围的世界相处。他们无法培养与他人进行情感交流的能力，又迫切地渴望得到别人的认可、好感和喜爱。我一定要着重强调，这三者对孩子以及成年人的健康发展都非常重要。人是社会性动物，为了和照料者建立情感联结，婴儿很早就开始模仿照料者的面部表情。我们这一生都需要与他人进行情感联结才能健康成长。如果孩子没有或只能间歇性得到这种情感联结，他们的情感不但不会发展，反而会衰退。

间歇性的情感联结甚至比持续性的情感脱节还要糟糕。通过间歇性的情感联结，母亲是在告诉女儿，她必须时刻表现良好，才能得到自己的关注。可实际上，这种时有时无的情感联结反而会让女儿感到绝望。为了讨好母亲，她可能会一心扑在各种成就上，但无论多么成功，与母亲的情感脱节在她内心中造成的空虚是永远无法弥补的。

长期经历情感脱节的孩子无法健康成长，最终会放弃博取母亲的关注。没有了吸引母亲关注的动力，孩子可能会通过不健康的渠道寻求肯定和接纳。

案例 艾丽卡为独立而战

还记得本章开头提到的艾丽卡吗？她的母亲用各种手段压迫、控制她，把这个自恋供养的源头紧紧留在自己身边。艾丽卡的母亲琳达是单亲妈妈，她没能让艾丽卡健康地成长。艾丽卡生活的方方面面她都要加以控制，而且格外在乎外界如何看待她们母女二人，已经到了偏执的地步。她把艾丽卡当成了自己的附属品，不认为她是一个有独立想法和情感的孩子，而且她也没有意识到这个孩子本身也在成长。琳达后来当上了教堂女性牧师的领头人，随着她得到的认可和赞赏越来越多，琳达对女儿的期待也越来越高。

艾丽卡高中时偷偷交了男朋友，不敢告诉母亲，因为她清楚母亲一旦知道，一定会很生气。艾丽卡预料得没错，母亲发现后暴跳如雷。她贬低艾丽卡，说男朋友只是为了性才和她在一起。艾丽卡没有和男朋友发生性关系，可琳达不相信，还因此斥责她。琳达还带艾丽卡去看妇科医生，做了一个医学上并不准确但足够羞辱人的检查，来确定艾丽卡是否还是处女。这件事让艾丽卡情绪崩溃，被迫和男朋友分了手。因为母亲的控制，也因为自己的所作所为让母亲失望了，艾丽卡感觉很羞耻，根本不敢走出家门。

那年，艾丽卡被另一个州的一所大学录取。她以为这是自己获得独立和自由的机会，结果琳达却要和她一起搬家。尽管大学初期艾丽卡能住宿舍，但她每周末还是得回到母亲在学校附近租住的公寓。课余时间，她都和母亲待在一起，母亲还随时监控她，即使知道她在上课，也会不停地给她发短信、打电话。

艾丽卡在学校遇到了一个小伙子赫比，还在母亲不知情的情况下，和他交往了一段时间。起初，艾丽卡很兴奋，很享受赫比对自己的关注和爱恋。一天晚上，两人在图书馆结束自习后，赫比提出要送艾丽卡回宿舍。一到楼里，赫比就把艾丽卡推到楼梯间强奸了她。艾丽卡不断哀求他停下，他才终于丢下她离开了。艾丽卡没有其他人可以求助，只得给母亲打电话。母亲开车来学校接她，回公寓的路上，母亲一路上都在骂她是个贱货，说她沦落到今天这个地步完全是咎由自取，还说她被强奸让她们这个小家庭蒙羞。艾丽卡没有从母亲那里得到任何同情，不得不独自面对被强奸所带来的创伤。

第一章小结

本章介绍了自恋者的行为和这些行为对他人的影响，也分析了自恋型母亲独有的特质，以及这对女儿造成了何种无法言说的痛苦。此外，本章还探讨了自恋型人格障碍的成因及不同的形成路径。

希望通过了解自恋型人格障碍的形成路径，你能明白母亲如此对待你，并不代表你没有价值。她对你的谩骂、羞辱，其实是她对自己最深切厌恶的投射。她给你打开了一扇窗，让你看到她隐藏在自恋面具下的痛苦。明白了母亲其实比表面看到的更加脆弱，你就不会因为自己对她产生共情心理而感到矛盾、不适了。

你已经看到了，这种人格障碍表现得非常隐蔽和微妙，因此相信自己的直觉对你来说非常重要。如果母亲的话让你觉得心头一紧，请小心，一定要尽你所能保护自己。

阅读下一章之前，请记住：

◇ 母亲对你的忽视和虐待从来都不是你的错。

◇ 你可以修复和他人的亲密关系。

◇ 疗愈自恋型人格障碍带来的创伤，需要花费许多时间和努力，但这是可以实现的。

◇ 你能学会爱你自己。

◇ 永远相信自己的直觉，永远。

第二章　在自恋型母亲的养育下成长

维持良好的母女关系是件很微妙的事。健康母女关系的开端往往非常简单：母亲生下女儿，全身心地爱她。女儿一天天长大，母亲会拥抱她、教导她、认可她，给她提供安全感。女儿进入青春期，母亲的职责是接纳、爱护并鼓励女儿度过这个阶段。无论顺境还是逆境，健康的母亲都会爱女儿，永远支持她。这一点对成长中的孩子非常重要，因为与母亲的健康关系像一面镜子，女儿能从中了解真实的自我。女儿还会从与父母的互动中学习如何与他人相处。幼年时，女儿就像海绵，沉浸在和母亲的每一次互动中，学习如何在这个世界上立足。在充满爱和同情心的环境下长大的女孩，更容易成长为健康、独立的女人，懂得自尊自爱。

自恋型母亲的女儿，则在无爱的贫瘠环境下成长，缺乏精心的养育、认可，长大后的她也常缺乏自我认知，感到犹豫、迷惘。她没有强烈的自我意识，因为从小就被规训要满足母亲的需求，她常会进入那种事事以他人为先的人际关系。

读了本章讲述的自恋型母亲与女儿的关系，以及这种关系带来的伤害，你或许会觉得自己的处境无可救药。不过，请不要绝望，清晰理解这种失调的母女关系十分必要，因此我在本章中进行了非常详尽的描述。你的创伤可以疗愈，本书第二部分将介绍疗愈的具体步骤。

母女关系

很显然，母女关系在我们的成长中起着至关重要的作用。最常见的一种是母亲怀胎十月，然后养育孩子长大，引导女儿走过一个个重要的人生节点。她为女儿树立了做人的榜样，母女关系是——或者说应该是——一种特殊的情感联结。

母亲和孩子的联结从孩子降生那一刻便开始了：孩子通过对母亲的依恋逐渐学会信任；母亲会持续不断地满足小宝宝对食物、情感和其他照护的需求。这种联结至关重要，它能促进婴儿脑细胞的发育，帮助孩子学习新事物、表达情绪、建立健康的人际关系。孩子需要与父母的联结，无论这种联结是出生时还是日后才建立的，否则的话，孩子很难建立自我认知的意识。被父母忽视、冷落的孩子更容易患上精神疾病，也很难健康地发育、实现独立。孩子要成长为强壮、有活力的人——无论是身体上还是精神上，亲子间的联结和情感依赖至关重要。

自恋型母亲不会像健康的母亲那样与孩子建立联结。她不会一直安抚啼哭的婴儿，女儿也不知道该如何满足自己的基本需要。女儿从这种时好时坏的照料中认识到，没有什么万无一失的方法能够永远赢得母亲的关注。明白了这一点，女儿会尝试所有的事情，只为了母亲能看一眼自己、听自己说一句话。不难想见，这种关系必然会产生冲突。

企图用这种不正确的方式来获得母亲的认可，女儿的努力注定徒劳无功。至此，“母亲不可依靠”的想法已经开始在她的心底扎根。作为自恋型母亲的女儿，从一出生就处于不利的位置。稍微长大些，开始和母亲互动，她没有能力和技巧去满足母亲千变万化的期待。最终，她失去了自我，学会了万事以母亲为中心。在成长的路上，她一心想要讨母亲欢心，母亲哪怕偶尔抛撒出一星半点爱的碎屑，她都全盘接收——女儿对自己的身份认同也就止于此了。大多数女孩都能得到母亲的呵护与爱，自恋型母亲的女儿却为抚育和爱她的母亲而存在。

自恋者为何选择生育

自恋者选择生育是为了满足自身的需要。自恋型母亲生孩子，可能是为了向那些认为她们很自私、没能力关心他人的人证明，他们错了。孩子出生后，自恋型母亲坚信自己可以向世人展示，除了自己之外，她还有能力爱其他人。自恋型母亲选择生育，也可能是为了填补自己内心的空虚。对她而言，孩子尤其是女儿，可以治疗自己被虐待、被忽视所造成的创伤，因为她认为自己会无条件地爱自己的孩子。不幸的是，她不具备这种无条件的爱，因为她会沉浸在自己童年的伤痛之中，会厌恶自己的女儿。

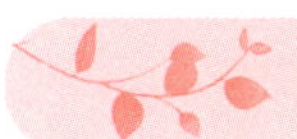

母女角色颠倒

治疗师在自恋型母亲的女儿身上发现了一个共性，即她们都一度想要扮演母亲的情绪照料者角色。女儿搁置了自己的需求，转而关注母亲，这种现象叫作“父母化”。如果想知道母亲的情感发育在何时停滞了，你可以想想她在暴怒时像是多大年纪（这种方法对所有自恋者都适用）。一旦明白母亲的情感发育滞留在孩童阶段，你就不难理解她为什么不愿意打电话帮你预约医生，或者没法帮你培养按时上床睡觉的习惯。对被困在孩童状态的母亲来说，照料孩子的许多任务超出了她的能力范围。

情感发育停滞的自恋型母亲情商不高，也很难忍受挫折，因而她会向女儿承认自己内心的恐惧。很多事情她本应该告诉自己的伴侣或者其他成年人，她却只能向自己的女儿倾诉。在这个过程中，她和女儿的关系开始变得纠缠不清，如果女儿试图和她划定边界，她是很难容忍的。自恋型母亲通常还把照料弟弟妹妹的责任推给女儿，因为她自己没能力应对抚养子女带来的情绪压力。女儿也因此失去了学习成长技能、建立健康关系的机会，失去了自己的童年。

我发现，自恋型母亲的女儿无一例外地都有“父母化”或角色颠倒的经历，这是这种母女关系的标志性特点。尽管女儿可能还不明白这究竟是怎么一回事，但通常在咨询初期就会谈起这一点。在这种环境中成长起来的女儿，成年后总是快乐不起来，要么总是心情很沉重，要么性格缺乏幽默感。

极端依赖

虽然听上去有些不可思议，但极端依赖的确是自恋者的特征之一。与普通人不同，自恋者的自我意识（即自尊感）并不像我们大多数人那样与生俱来。她需要从其他人对自己的反馈中获取自我的力量。她的自我意识严重依赖于他人的赞赏。

你或许在母亲或其他有自恋倾向的人身上发现，她的生活中总有一两个人对她忠心耿耿，她极端依赖他们的赞美。她会对这段关系严加控制，期待对方在自己需要时随叫随到。不幸的是，她期待的那份忠诚大多数人都给不了，因此她们的关系刚开始时往往很热烈，然后会迅速转入终结。可能只相处了一个晚上，自恋者就称对方是自己的“好朋友”，但不多久就戏剧性地绝交了。过度索取的性格和起伏不定的情绪，往往使她无法长久地维持一段关系。

在不了解她的人眼中，你的自恋型母亲可能是位独立、开朗的女性，很会交朋友。然而，作为她的女儿，你看到的是母亲为了不必枯坐在家中胡思乱想，如何不顾一切地疯狂安排自己的社交生活。而你——她的女儿是这种疯狂安排的最后选项。如果母亲找不到和她共进早午餐的人，她会指望你放下手里所有的事情去陪她。除了几个忠诚的信徒之外，自恋者无法与其他人维持长久的关系。如果有伴侣的话，她最依赖的可能就是伴侣，但这也潜藏着极大的危害，因为她对伴侣——你的父亲——的极端索取，最终可能会让你失去这位可靠的亲人。

自恋和依恋理论

依恋理论最早由精神病学家约翰·鲍比（John Bowlby）和发展心理学家玛丽·安斯沃斯（Mary Ainsworth）提出。他们的研究为我们理解婴儿对照料者的依恋，尤其是对母亲的依恋带来了重大突破。后人进一步研究发现，母亲在孕期也会对婴儿产生依恋，这一过程能帮助女性做好成为母亲的心理准备。如果父母能够及时回应婴儿的需要，婴儿就能形成安全依恋，并且学会信任他人。对父母的安全依恋让孩子相信父母是在乎自己的，有了父母的支持，孩子日后就能更好地在社会上生存。需求得不到持续满足的婴儿，很难信任他人，也不懂得管理情绪或释放压力。这种类型的依恋会一直伴随我们，除非我们主动去建立充满爱与信任的关系。

依恋的不同类型

幸运的是，任何一种类型的依恋都不会终身与我们相伴，只要有毅力，我们就能克服婴儿和童年时期习得的依恋模式。不幸的是，我们往往得经历几段失败的关系，才能意识到这是值得关注的心理问题。

早期的依恋类型是我们日后发展人际关系的蓝本。因为自恋型母亲不懂得如何与孩子建立联结，如何与孩子产生共情，也不会把婴儿的需要放在首位，她养大的孩子会产生病态的依恋类型。自私的母亲会对孩子产生某种怨恨心理：她觉得婴儿侵占了她的时间，她自己的需求没法实现了。自恋型母亲通常只在自己愿意的时候回应婴儿的哭声，这会让成长中的婴儿感觉恐惧、有压力，缺乏信任感，而婴儿尚不懂得如何处理这些负面情绪。婴儿不断地哭啊哭，母亲却没法与婴儿共情，不知道如何去爱自己的孩子，如此恶性循环下去，情况只能越来越糟。婴儿越来越焦虑，开始回避母亲，自恋型母亲又觉得孩子是有意针对自己，因而更加疏远孩子。童年时形成的依恋类型，在我们的日常生活中发挥着重要作用。

安全型依恋

这是一种建立在信任之上的依恋类型。婴儿难过、哭泣时，照料者会慈爱地回应她的需求、耐心地照料她。这种安全型依恋可以让婴儿学会与他人建立情感联结、学会信任他人，也为她日后建立有爱和安全感的人际关系奠定了基础。她长大后更可能拥有健康的自我意识，也就更能规避那些给自己带来身体、情绪或心理伤害的关系。培养安全型依恋的孩子需要父母无私奉献，他们要高度关注孩子，了解孩子的性格和沟通方式。与女儿的情感步调一致，父母就能够预测到女儿的需求并及时做出反应，在亲子之间建立充满信任的纽带。

当父母未能给孩子提供他们需要的关注和照顾时，女儿就会产生非安全型的依恋。父母对女儿的需求只间歇性地做出反应，会让她变得焦虑。女儿无法自主调节自身的情绪，因为她无法依靠常规的方式与父母沟通，以获得自己需要的关注。

矛盾型依恋

孩子意识到母亲只会偶尔满足自己的需要，就会形成矛盾型依恋。自恋型母亲的女儿很小就知道，母亲有时候会怨恨她。不难想象，从一出生就要依靠照料者的婴儿对此会有多么困惑。给孩子食物和水、保证孩子的安全，是健康依恋的一个方面，但孩子更需要情感的联结和爱护，这是自恋型母亲给不了的。

当一个自恋型母亲满足了孩子的生理需求，却无法与她建立情感联结时，孩子会认为自己是一个累赘。女儿会采取各种各样的行动，以求获得某种形式的情感联结。女儿长大后，因为没经历过有爱和信任感的关系，可能会被情绪无能的人吸引，因为那种感觉是她最熟悉的。

成年女儿会产生一种强烈的“自己不受人待见”的感觉，她可能会亲手破坏一段关系。即使伴侣对她关怀备至，母亲对自己不管不顾的经历也会让她十分黏人，对伴侣过分索取。她会怀疑对方的意图，并对他可能离开的迹象高度警惕。这种不安全感如果不加以控制，那么她内心的预言就会变成现实：她的各种需求让健康的伴侣无法承受，这种从小习得的行为模式只会把伴侣越推越远。她会不断进入不健康的关系，直到她培养出了健康的依恋类型、学会了珍爱自己为止。

回避型依恋

和其他非安全型依恋一样，这种依恋也是母亲对婴儿的哭泣和需求回应不当造成的。在回避型依恋关系中，面对女儿的眼泪和不安情绪，母亲是不屑一顾的。她会让女儿别哭了，坚强点。如果女儿还是一个小婴儿，她可能会让孩子坐起来，塞一个奶瓶给她，而不愿意花时间去喂她、安抚她。但也不是说如果有母亲这样做了，就一定破坏了孩子健康依恋的形成，只有父母一直以这种方式对待孩子，孩子的依恋模式才会失调。

如果父母不去积极地安抚孩子、与孩子建立情感联结，而是时常让孩子孤身一人，孩子就会自我安抚，因为她知道不能指望照料者安抚自己，会变得更独立，更像小大人。她学会了隐藏自己的情绪，不再渴望从他人身上得到情感联结、安慰和爱。孩子因此变得孤独，很可能还会产生空虚感。她可能在内心深处认为自己不配拥有爱和尊重。成年后，她也接受不了过于亲密的恋爱关系，关系越亲密，她就越不安。当她的伴侣向她索取情感需求时，她会退缩，甚至可能因为害怕被拒绝而回避所有的亲密关系。

紊乱型依恋

紊乱型依恋又称混乱型依恋，这种依恋是由于母亲不知如何回应女儿的负面情绪造成的。母亲无法为孩子提供安全感，而且在某种程度上，孩子内心的情绪也会反过来影响她。当女婴感到恐惧时，缺乏安全感的母亲不但不会安慰孩子，自己反而心里也会害怕。因为母亲也很焦虑，她没法给女儿提供安全感。

一旦母亲觉得很无助，女儿通常会感同身受，但不知应该怎么办。女儿会将母亲的恐惧和焦虑内化，认为世界非常可怕，简直无处藏身。长大后，女儿会非常困惑，深深扎根的不安全感让她很难理解身边怀有善意的人。当母亲因为自身的恐惧而显得无能为力时，女儿会和母亲调换角色，她会扮演起守护者的角色，安慰母亲，消除母亲内心的不安。这能让自恋型母亲觉得自己非常重要，在女儿的保护下，母亲的内心得到了滋养。

依恋伤害

依恋伤害是由于关系中断或破裂而带来的创伤。成因有很多，可能是遭到了别人的背叛，缺乏别人的支持，内心缺乏安全感，或者别人对自己的需求漠不关心。

通过上文对依恋类型的讨论可以看出，依恋伤害可能从出生便已经出现，而且会对女儿未来的人际关系产生巨大影响。不幸的是，成年后我们经常在恋爱关系中重演儿时习得的非安全型依恋。你可能也听过“人倾向于寻找与父母相似的伴侣”这种说法。有这种倾向，可能是因为我们在潜意识中想通过一段新的关系来修复先前关系中破裂的部分。自恋型母亲的女儿可能会寻找和母亲性格相似的伴侣。因为童年经历过严重的关系断层，当她成年后与某人建立亲密关系时，女儿可能会认为一些琐碎的争吵或小问题不可原谅，继而以为这段关系已经变质了。她会认为自己的伴侣不可信，继而从关系中抽离出来，而这又进一步加深了她内心的不安全感。

自恋供养

“供养”，或“自恋供养”，是一个常用的术语，通常用来指代自恋者赖以生存的赞赏、认可、肯定和关注。对自恋者来说，供养就像毒品，一旦没了，就会出现戒断反应。他们能从奖励或其他肯定形式的认可中获得供养，却无法从自己的内心获得。需要从外部获得自恋供养，这从根本上定义了自恋者。

社交媒体是自恋者的避风港，她总能在那里获取自己迫切需要的供养。每当需要“吸一口”的时候，她就发一张个人美照，来收获一众赞美，甚至负面关注也能为她提供养料：只要获得了关注就行，至于具体是什么样的关注，她并不特别在意。而且，她总能美化负面关注，比如她会说人们不喜欢她的照片是出于嫉妒，或者她会扮演成负面评论的受害者。供养至关重要，这也是为什么自恋者身边似乎总有一大批看似朋友或追随者的人。自恋者的自我意识建立在他人的供养之上，一旦得不到，她就不复存在，所以她会尽一切努力维持这些关系。

纵容者

在自恋者的世界里，纵容者常常是其伴侣或恋人。受过自恋虐待、处于疗愈过程中的人，常将纵容者称作“飞猴”。你可能读过《绿野仙踪》，飞猴是保护和执行西方邪恶女巫命令的生物。纵容者与自恋者保持长期的关系，并在关系中承担随时让自恋者称心的角色。纵容者也可能是自恋者身边有极端依赖倾向、能被轻易操控的一个朋友。通常，自恋者只有这样的朋友，因为没有极端依赖需求、不容易被操控的人不会和自恋者维持长久的关系，也就不会承担纵容者的角色。

纵容者常会为自恋者的行为辩护，尽管他们可能会受到对方持续的攻击。纵容者服从于自恋者，处于受保护的地位。这种特殊的地位意味着自恋者一般会将自己的愤怒和负面情绪指向他人。纵容者忠于自恋者，得到的奖赏便是他们渴望的来自后者的赞扬和喜爱。他们和自恋者在一起，会觉得自己也有了地位，这多多少少是因为他们倾向于相信自恋者浮夸的形象。

纵容者通过保护自恋者而得到特权和声望。必要的话，他们甚至会牺牲自己的孩子，面对自恋者的愤怒，他们非但不站出来保护孩子，反而拿些莫须有的错处指责孩子。在纵容者看来，他们这样做不仅讨得了自恋者的欢心，也是在保护孩子，也是在保护其他人，使他们免受来自自恋者的怒火和羞辱性行为、不当行为的攻击。对孩子来说，生活在这样的家庭是很悲惨的：父母的关系陷入“自恋—纵容”的恶性循环，孩子则往往处于被忽略、被孤立的境地，甚至常常成为替罪羊。

识别纵容者

纵容者会不惜代价地讨得自恋者的欢心，自恋者感到被爱、被尊重，觉得自己高人一等时，纵容者就能获得平静，情绪压力也小了很多。纵容者有可能见过自恋者面具背后脆弱的一面，因而对她抱有极大的同情。

纵容者的一个显著特征就是抗压能力弱。他们的情感和精神能量都在应付自恋者时消耗掉了，如果纵容者是父母中的一方，他们对孩子的需求也就没有多少耐心和同理心了。作为纵容者的女儿，你可能见过他对自恋型伴侣展现爱和共情的同时，又对你毫无同理心。自恋型父母的孩子通常被抛在一边，尽管父母双方都没有给予孩子尊重，作为纵容者的一方却期待孩子尊重自恋型伴侣。为了让自恋者开心，当自恋型伴侣虐待孩子时，面对孩子的反抗，纵容者反而会指责孩子。在纵容者眼中，让自恋型伴侣舒心是第一要务，哪怕牺牲孩子的快乐和安全感也在所不惜。

下面列出纵容者常说的一些话，他们为保护自恋型伴侣、为她的伤害性行为推卸责任时就会这么说。通常，纵容者会把焦点从母亲的行为转移到孩子的“敏感性”上。下面这些话，如果你身边有人说过至少四句，那这个人很可能就是纵容者。

◇ 她不是那个意思。

◇ 别太往心里去了。

◇ 你太敏感了。

◇ 坚强点！

◇ 你也知道，她就是这样。

◇ 尽量别惹她不开心。

◇ 你把妈妈弄哭了，去道歉！

对女儿的影响

我们已经探讨过母女之间的关系是多么重要而独特，破损的关系对所有孩子都是毁灭性的。对自恋型母亲的女儿来说，关系不稳定或者完全断裂都很残酷。女儿只有取得了成就并且给她的母亲挣得了荣誉，才会认为自己是有价值的。在她母亲那里，没有无条件的爱。女儿不得不去争取母亲的爱，不过，就算争取到了，这种爱也会转瞬即逝。为了取悦母亲、安抚自己，女儿可能会做一些很古怪的事情，发展出一套奇怪的求生机制。她可能在母亲下班回家之前，任劳任怨地把房子从地板到天花板彻底打扫干净，只为得到母亲的一句肯定；她可能滥用药物，借此逃避内心的情感空白和孤独感；她也可能会飞蛾扑火般地投入许多短暂的恋爱关系中，只为了体验那种被人爱着的感觉。

缺乏自我关爱

自恋型母亲的女儿通常很难关爱自己。日常生活中，多数普通人都能轻易完成的一些小事，比如按时洗澡、健康饮食、充足饮水、规律睡眠等，她们却很难做到。许多自恋型母亲的女儿都有抑郁症状，这些基本的需求得不到满足也就不足为奇了，很多抑郁症患者也处理不好这些生活琐事。

除非拥有强大的支持力量，否则女儿很难改变这种局面。她需要有人鼓励她放弃从小养成的将他人尤其是她的母亲，放在首位的习惯。女儿会宣称自己一切都好，但如果做事情只是单纯地为了自己，她会感到非常羞愧。比如即使终于下定决心去参加健身课，训练时她也从始至终都会怀有愧疚之心，觉得自己应该把时间花在更有价值的事情上才行。她认为任何形式的快乐都要付出代价，她还没有学会如何爱自己。

自我责备

作为自恋者的女儿，你有没有发现自己总是将“对不起”挂在嘴边，频繁到身边人都会提醒你的地步？很多女儿成年后，在寻求帮助和治疗时，临床治疗师经常能发现这一点。治疗时，她们总在为各种事道歉，无论是咳嗽一声，还是预约下一次见面的时间。

这些女性从小就明白，无论自己做没做错都会受到指责。因为不想筋疲力尽地为自己辩护，她们养成了道歉的习惯，只求冲突早早结束。

自我责备还会带来另一个更隐秘的危害，那就是自恋者的女儿认为很多事情真的是自己的过错。她总觉得如果自己不这样做，或者干脆想象自己是另一种人，情况一定会更好。她认为是自己引发了母亲的怒火，她要为此负全责。她越来越习惯于忽视自己、专心关注母亲，以确保类似的冲突不再发生。自恋型母亲的女儿已经将母亲和纵容者的谎言和扭曲心理内化了。

非安全型依恋

前面讨论依恋类型时已经提到，童年经历引导着女儿未来人际关系的走向。和父母形成了安全型依恋，则意味着未来可以拥有幸福美满的人际关系，而非安全型依恋则可能带来问题重重的糟糕关系。这一现象不仅出现在亲密关系中，友情和工作关系也是如此。

自恋者的女儿大多已经学会了在所有关系中扮演顺从的角色，等待、期待对方接纳自己。就像小时候和母亲相处时那样，她会抓住所有机会，通过自己取得的成就或夸张的行为赢得对方的赞许。她可能会自愿接过周五晚上大家都不愿意值的班，好让同事们能去看当天晚上的演唱会——其实她自己也买了演唱会的票。她可能会主动提出为出门度假两周的邻居照看宠物狗，甚至是小孩。因为害怕失去关系，她总会优先考虑别人，这种习惯已经根深蒂固。这种做法常让女儿充满怨气，觉得进退两难：一方面自己需要人际关系，另一方面又怨恨那种似曾相识的被贬低的感觉。

复杂性创伤后应激障碍

创伤后应激障碍（Post-traumatic stress disorder, PTSD）许多人都很熟悉，这是人在目睹或经历可怕的事件后产生的一种精神障碍。PTSD的诊断标准非常严苛，限制颇多。实践中，相比有严格定义的PTSD，治疗师（包括我自己在内）更常见到的是复杂性创伤后应激障碍（Complex Post-traumatic stress disorder, CPTSD）。

CPTSD患者有一些与PTSD患者类似的症状，比如高度警惕、脑海中控制不住地闪现出一些念头或图像、爱做噩梦、情绪麻木、容易产生疏离感等。CPTSD还有一些额外的PTSD患者身上不明显的症状，比如情绪管理能力弱、人际关系不稳定、解离、对虐待她的人或者其他人持扭曲的看法等。通常，正是这些症状让人难以忍受，决定寻求治疗。

CPTSD和PTSD患者几乎都会出现抑郁和焦虑症状，女性更可能会因为出现这些症状而寻求帮助。然而，和潜在的创伤障碍相比，抑郁和焦虑只是问题的一部分。有些受到自恋者极严重虐待的女性，虽然吃了各种各样的药，但还是于事无补。药物无法帮助人恢复自尊心，也不能帮助那些一辈子都以别人的标准来衡量自我价值的人认识到自己真正的价值。

不信任感

自恋者的女儿习惯了不依赖别人。前面讲过，童年时她的需求总是得不到满足，这让她对人产生了普遍的不信任感。长大后，这种不信任感贯穿了她所有的关系。她更容易被熟悉的人吸引目光，不幸的是，这些人往往和她母亲是一类人。如果和与纵容者很像的人交往，她也不会信任对方，因为她曾目睹过母亲的纵容者怎样为了让母亲开心而无所不用其极，见过纵容者如何为了讨母亲欢心而忽略自己。

这种习得的不信任感危害非常大，会让女儿出于自我保护而错失一些人际关系和交朋友的机会。即使开始了一段健康的恋爱，她也可能因为无法相信对方会爱那个真实的自己而亲手毁掉这段关系。她说服自己，这不是什么正经恋爱，不值得投入，她认为自己一定会受伤，于是决定在“受到伤害之前”离开。读完这本书你会明白，你可以拥有充满爱与安全感的关系，而且这都是你应得的。

自残倾向

自恋型母亲没有教会女儿健康的情绪管理模式，她们也不认可女儿的感受，无法帮女儿战胜痛苦。成年后，女儿可能会通过自残来回避自己内心的感受。她们没有学会情绪管理，悲伤或愤怒都让她们不堪重负。因为害怕自己会失控，她们不能表达自己内心的感受，只能以自残来应对内心的痛苦。

有些女性来到我的诊室时，手腕上或其他裸露的皮肤上还有她们自己割出的疤痕。我所在的州，使用大麻是合法的。自从相关法案通过以后，更多的女性来访者愿意说出自己靠大麻控制焦虑、帮助入睡。一些来访者承认自己对酒精或其他药物上瘾，因为多年来积攒的一无是处、一文不值的感觉实在让她们难以忍受。这些女性来访者，饮食很不健康，经常会饮食失调或过度节食，因为她们的母亲总是强调一定要保持“理想”的身材。

“煤气灯”式的自我操控

自恋者的虐待具有特定的模式，她们的女儿也学会了用施虐者强加给自己的行为来折磨自己。

自恋型母亲操控女儿的方式之一，就是反复强调女儿对现实的认知是错误的，女儿的感觉或观点要么不合理，要么不重要。女儿会将这种“煤气灯”式的对话内化。我们常听说某人被别人进行“煤气灯”式的操控，但如此进行自我操控的事情其实也很常见。

自恋者说服女儿相信，她对现实的认知是不准确的。这样做的危险在于女儿会忽视自己内心的直觉。成年后的女儿如果听到男友“爱怜地”说如果她留长发会更好看，她头脑中可能会响起警报，觉得一定是自己哪里不够好，却不会觉得是男友的话存在问题。她习惯了忽视自己的直觉，认为一切都是自己的问题。

案例 肖娜接受了现实

肖娜来找我时，正在和一名男子谈恋爱。和他在一起时，她感觉自己快疯了。肖娜觉得简直不可思议，居然会让杰森这种人走进自己的生活。她自己做了一些研究，发现杰森有许多自恋特质。我从没见过杰森，但根据肖娜的描述，我觉得她说得没错。尽管肖娜是一个受过良好教育、事业有成的女性，但杰森在她身上用尽了各种经典的自恋把戏，她都一一上钩了。

肖娜无论如何也想不明白自己是怎么走到如今这个地步的。她多次尝试和杰森断绝关系，而杰森却一直缠着她。她试着躲避他，可是二人分手后不久，杰森就在离她几个街区的地方买了房子，要躲也很难。她对杰森仍然有感情，直到接受治疗两年后，她才开始明白自己为什么会让这种人走进自己的生活。

肖娜终于做好准备去探索自己的脆弱之处，这时她开始承认，童年时母亲对她的批评是那么严苛。我们就此进一步沟通，肖娜意识到，尽管此前她一直对我说自己的童年多么正常、多么幸福，但每次在治疗中提到母亲时，她总会翻白眼。我们小心翼翼地探索这一话题，随着话题的深入，她渐渐明白了姐姐为什么会一成年就立刻离开了家，还有哥哥为什么会疏远家人。

肖娜第一次意识到这一点，是在母亲来看她的时候。肖娜说，她把房子仔仔细细地打扫了一番，把母亲上次来之后买的所有新东西都藏起来，生怕母亲找到“借口”贬低自己。尽管如今的她已经经济独立，自己也做了母亲，却依然保持着这些童年习得的技巧。她会竭尽全力移除任何可能被母亲拿来贬低自己的武器。

她对母亲忠诚得过了头，两人的关系对肖娜很不利。母女相处的模式——批评和“煤气灯”式的操控——让肖娜在看到杰森显露出虐待的迹象时，也不肯相信自己的直觉。尽管杰森操纵欲很强而且对她不忠，但她依然维持着这段关系。杰森编造了各种荒谬的故事，和前女友们藕断丝连，只为“帮她们渡过难关”，或者编造一些证明自己英勇的、做出自我牺牲的借口，肖娜都相信了。因为她从小就不相信自己的直觉，肖娜轻易就上了这些鬼话的当。

第二章小结

读完这一章，我希望你找回了一些对自己的认可，哪怕只对自己产生了多一点的爱和尊重也好，如果能有更多的收获，那就更好了。从幼年起，你面前的道路就障碍重重，但你已经开始改变自己了。我希望你能逐渐意识到，自己曾经经历过自恋型母亲多么隐秘又危险的虐待。或许你曾为失败的关系而自责，觉得都是自己的错，甚至希望能回到过去从头来过。我希望你能对自己多一点理解，明白你为何会将这么多的责难和责任都揽到自己身上，同时你得清楚，其实你本不该承受这些责难。最理想的是，此刻的你已经明白了自我关怀的重要性，能以最好的状态面对生活。

继续下一章之前，请记住：

◇ 你是有价值的，也值得被爱，自尊心受到的伤害可以被修复。

◇ 你曾经拥有不健康的关系，那是因为你没有好的榜样，不理解健康、互惠的关系是怎样的或是一种什么样的感觉。你不知道被羞辱是不正常的，或许根本没有意识到伴侣在对自己施加“煤气灯”式的操控。

◇ 你要明白，自己不信任他人、抑郁、焦虑、滥用药物或有自残的倾向，都是受虐待的结果。

◇ 童年的你没有得到应有的照料，这种不公平永远无法弥补。但是作为成年人，你可以努力治愈自己，学会给予自己所需的爱和照料。

第二部分

疗愈自恋型母亲带来的创伤

对自恋型人格障碍及其成因，以及自恋型母亲对女儿的影响有了更多了解后，我们接下来将探索疗愈的方法。要修复自恋者造成的严重伤害，方法有很多。我们将探索如何完全理解自己的感受，以及如何在自己对现实的认知一直被否定的情况下，为自己的经历赋予意义。你将学习理解、信任自己的情绪，感知身体面对虐待会有哪些反应。你还会得到一些工具，来管理自己与母亲的关系，别人如何对待你，你自己是可以掌控的。

你的终极目标，是建立足够的自尊，期望能够得到母亲和其他人的尊重。有时，你能做的最好的选择就是完全摆脱与母亲的关系。我们将探讨如何不怀愧疚感地切断与母亲的联系。

通过不懈努力、不断内省，你将学会建立自尊，学会信任自己的直觉。你会坚定地相信，自己是有价值的，自己的想法和观点也很重要。你会渐渐注意到生活中其他的毒性关系。一旦了解了自己的力量，你就再也无法容忍毒性关系，因为你知道自己值得更好的。你将学会关怀、照料、认可自己。

第三章 处理情绪

母爱
毋伤

“情绪处理”的概念你或许听说过，下面我们来谈谈具体的含义。要处理情绪，首先要识别自己面对的是哪种情绪。对一辈子都把他人的情绪和需求放在首位的人来说，识别情绪异常困难。你或许见过母亲时而哭泣时而暴怒，对你时而冷言冷语时而温柔体贴，她的行为总是反复无常。人通常会以照料者为榜样来学习如何理解情绪，受母亲的影响，你可能经常会对自己的某些情绪感到困惑。

情绪处理对你日后的生活至关重要，而要处理情绪，首先要学会识别情绪。如果不能理解自己的情绪、无法面对自己过去的经历，接受不了曾经痛苦的经历带给自己的创伤，就不能很好地理解他人、与他人建立情感联结。面

对困难时，你可能会斗争、逃跑、不知所措或谄媚讨好，这些冲动让你一直困在求生模式里，无法精力充沛地去享受生活。不过，你不必永远受这些冲动调度，你能够改变，能过上更美好、更充实的生活。

感觉的力量

我们需要认真地去识别、了解自己的情绪。情绪能带你探索真实的自我，探索对自己而言什么才是最重要的。了解情绪的同时，你会明白为什么自己有时候会觉得不舒服，并学会相信这种感觉。你会逐渐注意自己的直觉——你的本能反应，学着信任它。直觉能成为你的守护天使：它能保护你，带你远离那些不值得你付出时间和精力的人，也能带领你找到值得付出的人。情绪能帮助我们了解自己想要什么，更重要的是，情绪还能让我们知道自己不想要什么。聆听自己内心的感觉和渴望能帮我们建立身份认同。情绪不但能帮我们了解自身的处境，还能帮助我们理解自己到底是一个什么样的人，以及如何以一种更健康的方式去维持关系、应对冲突。

命名

情绪护理的第一步是识别自己面对的是哪种情绪。如果将大部分的情绪能量都用在了别人身上，你就放弃了对自己情绪的感知和理解。一旦自己不熟悉的情绪袭来，你就不知道应该如何处理。因为不理解或无法忍受这种感觉，你可能会为了驱逐它而不择手段。因为实在忍受不了这种不适的感觉，我们可能发展出一些不健康的行为，如滥用药物、饮食失调，或对某些事情上瘾，如无节制购物等。

大多数人都能识别愤怒这种情绪，但你可能不知道，许多治疗师只把愤怒看作二级情绪，因为它的根源在于其他情绪，愤怒能让我们觉得自己没有那么脆弱，还会分散我们的注意力，让我们无法理解内心的真实感受。愤怒能掩盖尴尬、受伤、恐惧、挫折、不满、被拒绝等感受。基本的情绪有七种：喜悦、惊讶、悲伤、厌恶、愤怒、恐惧和幸福。我把恐惧也列出来，因为许多人都理解或有过恐惧的经历，但是和愤怒类似，恐惧通常也是其他更脆弱的情绪的掩饰。你要能够识别自己的各种情绪，并了解它们会给自己的身体带来什么感觉。你要去感知自己的情绪，并花时间思考情绪的来源。

正念

前面我用到了“情绪”和“感觉”两个词。情绪能带来身体上的感觉。识别、理解、处理情绪，很重要的一个工具就是正念。“正念”这个概念如此流行是有原因的，它能帮你更好地意识到当下发生的事，无论是发生在你身上的还是在你周边发生的。靠惯性生活很容易，而要改变自己看待事物的习惯则需要下许多功夫。练习正念需要精神高度集中，还需要对自己有同理心，因为练习正念期间你的思绪会从当下的所做所感中多次飘离。一旦思绪飘离，你就要重新将注意力集中到当下。正念意味着只关注当下发生的事，这种关注能帮你理解与别人互动时自己的反应和心灵的触动。练习正念对时间和地点没有要求，比较容易练习。正念是不带主观判断的意识。

观察墙上油画的笔触，欣赏散步时看到的花朵之美，聆听窗外鸟儿的歌声，闻闻锅里食物的味道，把宠物抱在怀里时皮毛的触感……这些日常小事都是练习正念的良好开端。对常被困在过去的自恋型母亲的女儿而言，一定要全神贯注地关注当下，这非常关键。你或许还在为过去感到懊悔，而正念能带你回到当下。

接受

你或许已经意识到，自己曾经一直生活在两种现实中。一个镜头下，你拥有快乐的童年，母亲总把你打扮得漂漂亮亮的，敦促你在学业或其他事情上取得好成绩。但在另一个镜头下，你看到自己总是处于巨大的压力之中，要漂亮、要出色，这样才能达到母亲的期待。成年后，你很难理解童年时的各种感觉，也不知道哪一个镜头下才是自己彼时真实的感受。搞清这一点大概是疗愈过程中最重要的一步，或许你觉得别扭、没必要，但这的确是你解放自己最好的方法。

人类的头脑需要平衡，需要对周边世界产生合理的理解。我们期待正义和公平，不能接受区别对待，可现实中许多事情就是不公平的。在与自恋型母亲的关系中，除非你接受了这种关系的本质，否则你永远都会觉得不舒服。有些来访者对我说，她们希望母亲明白自己给孩子带来了怎样的痛苦，希望她们能为没有成为一个合格的母亲承担相应的责任，并为自己摧毁了孩子的人生而道歉。这种事基本不可能发生，即使发生了，你都会觉得那很不真实，而且母亲的行为不会有任何持久的改变。这一点可能是疗愈之路上最令人伤心难过的，但是我保证，只要接受了事情的本来面貌，你一定能得到解脱。

案例 桑德拉的接受之旅

桑德拉来到我的诊室寻求帮助，她不知道应该如何处理与母亲的关系。母亲深度介入了桑德拉的日常生活。她最近搬来与桑德拉同住，因为桑德拉第一次生孩子——生了一对双胞胎。尽管桑德拉真的很需要母亲帮忙照顾孩子，但她很快就发现自己想和母亲保持距离，离得越远越好。桑德拉一来就说："我感觉我快要疯了。"无论虐待他们的人是谁，每一位遭受过自恋型虐待的来访者都说自己要疯了。

拥有自己的孩子之前，桑德拉从未觉得母亲的行为有什么不正常，更不用说虐待了。桑德拉爱自己的女儿，这种爱她小时候从未经历过。桑德拉认为母亲生她的时候，一定也很爱她吧。可是桑德拉心里总感觉怪怪的，好像哪里不对。

随着治疗的深入，桑德拉意识到，母亲对孩子感兴趣，更多的是因为外祖母这个身份，而不是想与桑德拉或外孙们度过高质量的亲子时光。外孙们对外祖母的关注，让外祖母的自尊心得到了极大的满足，但却耗尽了桑德拉的精力。这种关系让桑德拉想起了自己被母亲当作炫耀的工具的日子。理解了母亲的行为，认识到母亲的自恋特质后，桑德拉开始了心理重建，逐渐认识到自身的价值。在治疗过程中，我和桑德拉花了大量时间探索她对七种基本情绪的理解，她开始信任自己的直觉。她开始练习正念，更加频繁地练习瑜伽，也开始关注身体的紧张感。

在桑德拉的疗愈之路上，最困难的就是接受“自己的童年很不幸”这种观念，以前她都在自欺欺人。实际上，她的童年充满了情绪暴力，她被专注于获取自恋供养的母亲忽视了。得知真相的桑德拉伤透了心。她渴望得到母亲的关注和喜爱，却一直不明白为什么求而不得。每个孩子都应该得到母亲的爱，而她未曾得到过，她开始接受现实，也逐渐明白了这并不是因为她自己不够好。她意识到，抚养自己长大的是一个严重受损的人，那个人无法给孩子提供呵护与关爱。如今她知道，自己有能力呵护自己内心的小孩，也有能力爱自己的孩子。

没有安全感的家

你最应该依赖的人，却不能守护你，也没有能力爱你、认可你。你从未与她形成安全型依恋，而且你越长大，情况就越糟糕。从方方面面来看，你都孤立无援。你不得不在她面前隐藏自己，每天都在揣摩她到底想要你做什么。你没有盟友，你的父亲可能也在竭力隐藏自己，避免成为虐待的靶子。如果你有兄弟姐妹的话，面对母亲瞬息万变的期待，他们应该也只能谨小慎微地活着。

这样的成长环境让孩子感到困惑，很容易滋生“各人自扫门前雪”的家庭文化。如此成长起来的孩子不可能有安全感。如果你有一位自恋型母亲，那么你的每一天都充满了不确定性，你的生活缺少规律，也没什么规矩可言，这种混乱的日常让你很难安心。你一直处于求生模式中，根本没有机会放下戒备、愉快玩耍。随着年龄的增长，你会逐渐建立家庭以外的关系，但你无法靠自己的本能去分辨哪些人值得信任、哪些人不值得信任。

我们的过去深深影响着我们成年后的人际关系。我们总被熟悉的人吸引。不幸的是，如果我们对自恋者很熟悉，就会被其他自恋者或有情绪暴力倾向的人吸引。很多自恋型母亲的女儿，最终都陷入了虐待性的亲密关系中。

此外，你也知道自己没有一个安全的家可回——这样的家从来没有存在过。如果你的原生家庭中的其他成员依然处在失调的关系中，你也无法从他们身上得到支持。你没有安全的人脉网络，因为你与他人相处总是太过小心谨慎，无法为自己搭建强有力的支持网络。这种处境令人非常绝望，没有安全的家可回，会让人陷入持续的虐待循环中。要打破这种循环，就要全心全意地践行自己选择的疗愈道路。耐心一点，对自己宽容一点，你可以做到！

剖析脆弱与羞耻

某些形式的羞耻是有意义的，它能教会我们什么可以接受，什么不可以接受。

自恋者激起的羞耻只能让你讨厌自己。如果母亲在大庭广众之下对你说：“你要是换个发型就更可爱了。”你会怎么做？你一定会关注其他人的发型，然后把自己批判得一无是处。起先是母亲羞辱你，渐渐地你开始自我羞辱，这让你在任何人际交往中都感到非常脆弱。你甚至可能会为所有不好的事情道歉，因为“万事都是自己的过错”这一念头已经深深刻在了你的脑海里。

这种自我羞辱盘踞在你的内心，毫不客气地证明你毫无价值。你不得不花大量的时间来证明自己有价值。你或许拿到了高学历，拥有体面的工作，可是依然感觉有欠缺。你太脆弱了，不敢探索自己内心真实的感受。你极其爱表现，只为了证明自己很重要。自恋型母亲的女儿常常表现得万事都在掌控之中，实际上，那是你努力在世人面前隐藏自己内心巨大空洞的行为。这个空洞不会自行消失，即使你实现了所有人生目标，仍然会觉得心里空落落的。你可能还会因为不知足而感到愧疚，这种不健康的念头危害很大。得到了想要的一切，却依然不幸福，所有受过自恋型虐待的来访者几乎都有类似的感受。你并不孤独，你的感受也是合理的。学会处理情绪，理解了自己为何会成为今天的你，能帮你跳出愧疚和羞耻的恶性循环。

应对愧疚

母女关系被捧上了神坛，很难想象一个女儿有多么充分的理由要和自己的母亲分开。哪怕亲身体验过毒性母亲危害的人，也有可能对“母亲是神圣的”这一迷思坚信不疑，毕竟我们身边关于无条件赞美父母、尊重父母的言论太多了。

你可能打不起精神去买一张你本就不想寄（身体可能也向你发出了信号）的母亲节贺卡，但内心却会为此感到愧疚。一旦意识到自己如何被羞愧所控制，你就能着手建立边界，避免自己再次沦为不合理期待的受害者。明晰的边界可以保护你，也可以打破一段关系中不健康的相处模式。

要注意，在建立、强化边界的过程中，你可能会感到愧疚。身边的人，尤其是母亲会挑战这些边界，利用羞耻和愧疚操控你，试图让你退回原本的状态。千万不要上当，这更加说明了你应该与她保持距离，你选择的疗愈道路是正确的。有决心就会有收获。放下愧疚、维持边界能改变你的生活，帮你发现真实的自我，了解对自己而言什么东西才是最重要的。这样，你就能重塑身份认同。你会明白，坚持对自己有利的事，期待他人的善意、理解和尊重，都是很正常的事，你根本不必忍受母亲的虐待行为。最重要的是要学会建立并维护边界，任何事情只要让你觉得不舒服，你都可以坦然地说“不”。

在这一疗愈阶段中，我的来访者经常说自己也展现出了自恋特质，因为他们开始关注对自身有利的事。一些来访者在建立边界时可能会做得有点过头了，之后又选择了中间路线。即使你觉得自己在建立边界的过程中表现得很自恋，也不要忘了，这是人类天性中的一部分。你本该在童年时就有机会建立边界，但是这种机会被剥夺了。是时候回到过去，去养育自己内心的小孩，给她一点以自我为中心的机会，让她去探索什么对自己最有利。要做出改变非常困难，需要你付出巨大的努力。但只要有所付出，你一定会发现，你值得自己的关心，也值得他人的尊重。

摆脱愧疚

并非所有的愧疚感都是负面的。如果做了违背自己原则的事，愧疚能督促我们加以修正，帮助我们变得更好。但如果我们想为与自己无关的事承担责任，那就是非理性的愧疚了。我们有时候甚至会觉得，活着都是一种罪过。要摆脱非理性的愧疚，就必须纠正滋生这种愧疚的非理性想法。辩证行为疗法提供了许多优秀的处理情绪——尤其是愧疚——的方法。玛莎·莱恩汉（Marsha M. Linehan）在她的《辩证行为疗法：技能训练讲义及练习》（*DBT Skills Training Handouts and Worksheets*）一书中列出了几种策略。

◇ 第一种，检视现实。你感到愧疚，是什么导致了愧疚感的产生？事情的真相是怎样的？你的感觉是否与真相相符？如果不相符，请找出问题出在了哪里，相应地纠正自己的想法。

◇ 第二种方法是采取与感觉相悖的行为。如果你感到愧疚却不明白为什么，可以强迫自己在采取行动或做决定时充满信心。一旦形成习惯，你的感觉和行为就会更加一致。最终，遇到事情时，你也就不会把过错往自己身上揽了。

◇ 最后一种，如果真的有问题，就要解决。事情发生了，需要你负责，那就站出来道歉，然后想办法补救。如果你的确应该感到愧疚，就承担责任，这样愧疚感才不会一直困扰你。

第三章小结

作为一个自恋型母亲的女儿，能在情绪暴力和情感忽视中生存下来就已经很不容易了。年复一年累积的创伤需要时间和努力才能修复，但疗愈是有希望的。请时刻记得你的目标是修复创伤。

本章，您学习了以下内容：

◇ 情绪是强有力的武器，自恋者曾利用它控制你、操纵你。

◇ 情绪如浪潮般来来去去，情绪不能定义你是谁。你可以学会踏浪而行，而不是任由巨浪将自己淹没。

◇ 你内心不安全、不值得的感觉并不真实。那是母亲为你编造的故事，只是为了让你听她的话。

◇ 你可以为自己创造安全感，也可以学会爱真实的自己。

◇ 愧疚来自外界，你可以选择拒绝这种情绪。你的生活中不必再有毫无缘由的羞愧感。你能很好地处理羞愧感，然后继续前行。

◇ 说到底，要想清楚你究竟应该如何继续生活下去，相信你对生活的掌控力比你自认为的要大得多。

第四章　管理关系

本章我们将探讨如何管理你与母亲的关系，你要为你们之间的关系设定条件。从小到大，你和母亲的关系可能是反复无常的、一边倒的。本章将进一步探索如何建立边界，以及维护边界对你内心的平静来说有多么重要。

你会学到一些策略，当你想念母亲时，你应该怎么做。你还会知道，为什么自己明明知道了她虐待过你，可是依然想念她。我们会一起探究什么事情会触发你的情绪，这种情绪又是因何而起，还有这些事情会如何影响你与他人的关系、会对你的疗愈之旅产生何种影响。我们会探讨你是应该暂时脱离与母亲的关系，还是完全跟她断绝关系，哪一种选择对你更有利。如今权力掌握在你的手里。

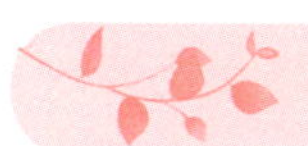

关闭你的情绪触发器

当你学会了识别自身的情绪，也就明白了情绪产生的原因。下一步就要找出环境中可能引发这些情绪的因素，即情绪触发点。情绪的产生总有根源，尽管在当时我们可能没有意识到。

你的触发点可能很具体，比如开车经过童年时的家，也可能很微妙，比如无意间看到广告里的某个角色，会让你想起自己曾经的创伤经历。如果是第一种情况，只要不经过童年时的家就能避免触发情绪。但有些触发点很难避免，这时就需要更深入的挖掘，来寻找解决方法。你可以将下面的练习融入此前学到的技能中。

识别触发点

情绪触发是一种体验，它将我们带回过去，产生与原先的负面事件发生时类似的情绪反应。我们可能会像当初一样极端愤怒和恐惧。

有时候，情绪反应可以预料。比如在电影里看到宠物死去的情节，你可能会想起自己去世的宠物，从而感到很悲伤。有时候，一些情绪反应会让你大吃一惊。你可能也搞不懂，为什么有人超车时，你会暴跳如雷。当下的事和此前的经历，不一定有直接的关联，但你的情绪反应可能是一样的。被人超车时你感到愤怒，但如果深究，那可能也是一种恐惧心理，就像你童年所处的不可知、不安全的环境带给你的恐惧是一样的。

要学会识别这些反应，正念是关键。产生情绪反应时，坐下来，花些时间辨别你此刻的感觉。如果能找到过去有同样感觉的情境，你就可以沿着这个方向找到情绪的触发点。一旦找到了这个触发点，你就在识别情绪、理解情绪源头的路上迈出了一大步，也能更好地理解、认同、管理自己的反应。

追寻源头

让我们继续深入挖掘，看看这些情绪的源头在哪里。我们知道，你在成长过程中没有足够的时间理解自己内心的感觉。你的注意力全在别的事情上：你要琢磨如何讨母亲欢心，或者要想尽办法避免让自己成为她怒火攻击的目标。在求生模式下，你的情绪没有成长的空间。即使你感觉有些难受，母亲也可能说你的感觉是错的。她甚至可能会说你并没有自己说的那么难受。你没有时间去培养、认可、理解自己的情绪。

所幸，了解人类的不同情绪、识别自己的情绪被触发时身体传达的信号，现在也还为时不晚。没错，上高速公路上被人超车，你可能火冒三丈、破口大骂。但更深入地想想，你是否感觉自己失控了？你是否觉得那个司机毫无预兆的行为很可怕？明确自己的感觉，给自己一些时间，把它和过去的经历中类似的感觉联系起来，这样你就能更好地理解自己的反应。

提高意识

你的情绪反应可能比你想象的更频繁。你可能觉得身上无缘无故的疼，比如没缘由的肚子疼，或者嗓子、后背、肩膀、胸口等部位发紧。如果一走进办公室就头疼，回家路上疼痛就消失，那你就要探究一下是怎么回事了。要是能排除环境的影响，就有必要审视自己对这份工作的感觉了。这种思路对所有让你心慌反胃、喉头一紧或者身上哪里不舒服的环境和人际关系都适用。

认识了身体传达的信号以及自己的情绪触发点，能帮你辨识自己的情绪，获得对周边环境的掌控权。做到这一点，你就能更好地判断自己的反应是否与当下的情境相符。有时候你会发觉，自己在特定情形下做出了不恰当的反应，而这种反应根植于你过去的痛苦经历。

重置

当你已经开始尝试理解、管理自己的情绪，你会提醒自己，高速公路上超你车的人，有可能是上班快迟到了，而不是故意惹恼或者吓唬你。你了解了恐惧感的来源，就不会对“一个陌生的司机怎么会那么粗鲁”耿耿于怀。你要明白，自己的恐惧尽管真实，却不一定是最恰当的反应。此时，你能够掌控局势，采取一些举措，比如和超了你的车保持更大车距。

了解了各种情绪和自己的情绪触发点，才能控制它们。你就不必再担心自己是否反应过度或表现不佳，因为你可以将现在和过去的情绪点联结起来。你懂得了如何安慰自己内心的小孩，告诉她，她很安全，再也不会被忽视。害怕的时候，你能安慰自己；被人误会时，你也能告诉自己，你可以感到愤怒。

你还收获了一种了不起的能力：你明白情绪不能定义自己。童年时，当你面对那些自己理解不了的情绪时，不知道该做何反应。母亲可能会说你失去理智了或者疯了。这种话在你头脑里可能会变成一种自我暗示。如今的你已经具备了相应的知识和力量，能善待、了解自己，也能理解为什么面对某些事情时你会产生某些特别的反应。

建立边界

你已经学会了更好地理解自己内心的感觉，也知晓了为什么会产生这种感觉，现在该学习如何与母亲保持平等地位了。要做到这一点并不容易，因为母亲并不习惯你与她划分界限，她一直是掌控局势、无所不知的那一个。一直以来，你都是她自恋供养的稳定来源，即使她犯了错，她也不会认为是她的错，你会成为替罪羊。当你建立边界时，她一定会用一切可用的武器来反抗。但如果你想维持和母亲的关系，建立边界就非常有必要。要知道，这是你疗愈之路上最艰难但也最具变革性的一步。

选择目标

建立边界之前，你首先得弄清楚自己内心想要保护什么。理解自己的价值观是第一步。先说尊重吧，如果你觉得尊重对你很重要，那么，建立了边界能够让你尊重自己，也尊重你的母亲。如果你不尊重她，她也就有了不尊重你的借口。

你还要教母亲遵守你设立的边界。你要让她清楚你的期待，一旦她越界，就要及时提醒她，向她重申你的边界。如果她说你胖了，应该减肥了，而你觉得她这么说不尊重你，那就一定要在那一刻提出来。你可以说："谢谢你的关心，但我不愿意和你谈论这件事。"以后每次她谈论你的身材时，你都要重申这条边界。你越来越有信心捍卫自己，在她面前表达自己的意见也会变得更容易。

母亲会为难你，会提醒你过去她谈论你的身材时你似乎都没什么意见。你完全可以客气地告诉她，她对你的外貌评头论足的行为一直都让你觉得不舒服，现在你不想再听到这种话了。如果一个话题对你来说是禁区，她一旦触及了，你就不要再参与讨论了：那是你的底线，你必须守住这条底线。

不要解释和过度分享

与自恋者建立边界最初会是一场意志的较量，如果对方是你的母亲就更难了。母亲会试图说服你，你们本就是极亲近的母女，没必要建立边界。她可能还会说，作为你的母亲，她应该知道你所有的事情，什么话都可以对你说。你可能会有一种强烈的冲动，想解释自己为什么需要边界，是她的某些行为让你不得不这样。我们的大脑总是希求平衡和正义。想不去为自己的决定辩护很难，毕竟如果别人为你建立了新的边界，你也想知道原因。

但一定要记住，母亲想的和你想的不一样。你有同理心，希望她理解你的想法，而她则缺乏同理心，只会觉得她失去了对你的控制。或许你会不由自主地与她过度分享，想告诉她，她的举止如何深深地伤害了你。千万不要落入这个陷阱。她会利用你的脆弱来说服你，你根本就不需要边界，伤害你也绝非她的本意。除非你坚守阵地，否则什么都不会改变。坚持一定会有回报。

坚定目标

从小到大，你和母亲建立的特定相处模式就像永无止境的双人舞蹈：母亲有权掌控你们之间的关系，而你则千方百计哄她开心。无论多大年纪，你和父母在一起时，都会变得更加孩子气。陷入过去的关系模式，从而迷失了疗愈目标的情况也很常见。因此，你必须不断地提醒自己，你已经是一个成年人了，不必再活在母亲的权威之下。在内心提醒自己你的想法和价值很重要，这也许对你会有所帮助。要时刻提醒自己，你已经不再是那个在母亲掌控的世界里挣扎求生的小女孩。你现在是一个独立的成年人，可以按照自己的规则行事。

你要接受真实的自己。做到这一点或许不那么容易，但没关系，坚持自己的看法本身就需要你付出许多努力。允许自己在母亲面前做真实的自己，这能帮你维持力量，成长为更坚强的人。

制订退出方案

你要摆脱和母亲以往的相处模式，其中的每一步都是要下一番功夫的。或许你想不到，要实现这一目标你还需要制订一份退出方案。你必须让侵犯了边界的母亲——或者作为纵容者的父亲——承担后果。就像你申明自己的边界那样，你也要明确打破这些边界的后果，并将这些方案落到实处。

一定要向母亲说明，一旦你感觉她不尊重你或你设立的边界被她漠视了，你就会中断与她的交谈或互动。你要给自己创造脱离互动的空间，如果和母亲同住，就一定要离开房间。让自己摆脱当前处境总是有办法的，你可以关掉手机，走出家门，不要开机，多散散步，不要和母亲交谈。如果无法在物理空间上远离她，你可以告诉母亲你不会再和她说话了。

你无法控制他人的行为，但你可以决定自己能够接受他人怎样的行为。你没有接受虐待性行为的义务。

开放式沟通

许多人与自恋者共处一段时间后，会感到筋疲力尽。虽然两人的互动显得很无害，我们却觉得脑子像一团糨糊。这是因为你无时无刻不处在情绪、精神的博弈中，还会一直被对方操控。你已经明白了边界的重要性，下面我们来探讨如何通过开放式沟通帮你维护边界。在和母亲建立新关系的同时，你要和她好好沟通，告诉她自己在做什么以及为什么要这么做。必须让她明白你会坚持下去，你要改变两人长久以来的关系的决心不会动摇。

准确

在维持边界的过程中，你要保证自己说的话非常清晰，不会被别人曲解。用简明的语言提炼一下母亲说的话。虽然这么做你可能感觉很奇怪、很生硬，但要转变母女之间的话语权，这个过程必不可少。

在决定实施退出方案之前，你有必要搞清你们之间的关系是如何发展到这一步的。你和母亲都要学习这种新的沟通方式，在这个过程中，你可能会产生情绪波动，因此一定要确保无论是自己的话还是母亲的话，意思都要表达清楚。沿用上文的例子，如果你已经划定了相关的边界，母亲依然对你的身材评头论足，你可以先向她确认，她是否在建议你减肥。此后你可以告诉她她越界了，然后实施自己的退出方案。

直接要求

提要求的时候要简洁明了，确保对方不会误解你的需要或预期。比如你请母亲来帮忙照顾孩子，要清晰地表明自己的需求，并告知她这件事情的界限。如果她待的时间太长，或者和孩子做一些你不赞同的事情，一定要明确告知，不要因为需要她帮忙带孩子就破坏自己的边界。有时候，你可能会觉得自己的需求很迫切，这一点可能会被母亲利用。别忘了，你还有别的选择。我们很容易在压力下放松戒备，因此越是有压力，坚守目标就越重要。母亲向你提要求的时候也一样，你必须明白自己愿意为她做哪些事，不愿意为她做哪些事。

保持冷静

在重塑母女关系的过程中，你有时可能会情绪失控（这还是保守的说法），这并不意外。希望你已经学会了理解自己的感受。在重塑关系的过程中，试着不要让母亲察觉到你可能的情绪失控。当你和她结束沟通后，你可以哭泣、尖叫，但如果让她看到了这一幕，她很可能会扭曲你的言谈举止，显得好像你在无理取闹一样。这样一来，你们的关系就又回到从前了。

你冷静的言行就像盔甲，保护你与母亲沟通时不会偏离轨道。母亲一旦发现你变得激动或难过，就好像在盔甲上找到了可以攻击你的漏洞。我总是鼓励人们感受、表达自己的情绪，但这种情况是个例外。母亲迫切地渴望重新掌控权力，你脆弱的情感就是她重获权力的灵丹妙药。总有一天，你能更自由地表达情绪，但请等到边界牢固、你感到足够安全的那一天。

与母亲分离

与自恋型母亲的关系有时无法修复，这对女儿来说是很艰难的处境。与母亲分离可能会是你这辈子最难做的决定之一。不幸的是，自恋型母亲的女儿想要疗愈自己，有时这是唯一的选择。和母亲切断联系的想法或许让人害怕，或许让人长舒一口气。无论如何，做出这一决定必须深思熟虑，这样你才能相信自己的选择是正确的，方能继续走上疗愈之路。当你满怀信心地做出这一决定时，就能坚定地向前迈进，完全接纳、尊重全新的自己，而不会感到愧疚或后悔。你可以继续探索真实的自我，不必再受困于虐待性的母女关系中。

写信

要传递与母亲分离的想法，我认为写信是最好的方式。我们知道，面对面沟通时她会试图操控你、迷惑你，反反复复说一些同样的话，甚至贬低你的人格。你可能永远无法向她表达自己真实的想法和期望，因为她总会曲解你的意思，你可能会因为困惑不解、茫然无措而结束对话。自恋者不喜欢被拒绝或抛弃，她们觉得只有自己才能够享受特权。通过书信，你可以表达自己对母女关系的感受、这种关系带给你的影响，以及自己为什么要这么做。如果你希望通过这封信中断和母亲的联系，那么信中就一定不能使用给她留有回旋余地的语言。

◇ 措辞明确地告诉母亲，你以后不会再和她联系了。

◇ 特别要求她尊重你的选择。请她不要来和你讨论这封信或你所做的决定。

◇ 说明是什么让你走到这一步的，尽管你可能已经和她说过很多次了，再次向她重申你为什么要这么做。

◇ 最后，告诉她，你是要和她永久性地断绝关系，还是为以后留有一定的余地。这完全由你自己决定。

当面告知

这种方式存在风险。如果选择当面告知，我建议你找人陪同，以确保自己按计划行事。这位陪同者也能在对话结束后支持你，因为你需要有人告诉你，你做出了对自己最有利的选择。你可能也预料得到，和自恋型母亲的这场面谈可能是波涛汹涌的。

◇ 她可能会说服你相信一切问题都是你头脑里的想象，或者是你太敏感。
◇ 她会把你的意愿贬低得一无是处、不值一提。
◇ 她可能会扮演成受害者，并用残酷的话语攻击你。

这可能是你们之间最难堪的一次对话。如果选择当面告诉她，请一定花时间仔细考虑这样做对自己有哪些好处，以及自己要如何确保这次对话不会偏离主题。想想自己应该如何告诉她，你需要切断与她的联系来保护自己，自己日后不会接听她的电话，不会和她有其他任何形式的沟通。千万不要被她牵着鼻子走，把对话引到旁枝末节上。你可以和陪同者提前商量一个暗语，让他/她在觉得对话偏离了主题或者需要立即结束的时候提醒你。

如何给母亲写信

要写信告知母亲自己想与她分离的意愿，你要认真下一番功夫才行。这封信既要能够以尊重的口吻透彻地传达你的想法，又不能给母亲留下质疑你意愿的空间。辩证行为疗法提出了一些行之有效的写信步骤。

◇ 第一步，描述你眼中的母女关系。要尽可能多地以事实为基础，比如你问母亲自己新买的裙子怎么样，她却告诉你该减肥了。

◇ 第二步，解释你们之间的互动对你有何具体的影响。要用“我”做主语，比如“你说我该减肥了，我觉得很受伤，觉得自己不够好”。

◇ 第三步，你要说明自己眼下的打算。即使你会觉得不舒服，也要坚持自己的意愿。是时候告诉母亲：“我认为从这段关系中抽离出来对我而言是最好的选择。”

◇ 第四步，强调你期待她采取怎样的行动。比如，你可以说：“我希望你尊重我的边界，不要给我打电话、发短信，也不要试图以任何方式与我沟通。”

写信的时候，一定要保持自信，专注于你的目标，守住自己的底线。结尾处，你可以简短总结信的内容，并再次强调从此以后你不打算再与她联络，也希望她不要联系你。

如果你是母亲的主要照料者

即使你是母亲的主要照料者，也不意味着你一定要回归到儿时的母女关系中，或出于对母亲身体状况的考虑而忍受她的各种虐待。你值得拥有她的善意和尊重。要记住，如果必要的话，你可以随时从与她的交流或互动中抽离出来。无论是在她家里、带她去超市购物，还是领她去看医生，你都不是必须和她交谈。如果眼下你无法在物理空间上离开她，你可以告诉她，在你们接下来共处的时间里，你都会保持沉默，也希望她保持沉默。作为照料者，你可能需要与心里的内疚感对抗。

这时，最重要的是记住，感到内疚是合理的。感觉是会变的，随着我们逐渐成长、学会尊重自己，我们可能会从新的角度看待很多事情。请允许这些感觉在你身上同时存在。你可以探索自己的各种感受：真的有必要感到愧疚，还是因为你习惯性地认为所有的问题你都有责任？花些时间去体会这些感受，然后选择你觉得恰当的应对方式。如果今后你仍然觉得要保持边界、尽量和母亲少联系，那就这么做吧。你最清楚什么对自己是最好的，你最了解你自己，所以不要让别人来判断你的决定是对是错。

感到悲伤

悲伤的五个阶段许多人都熟悉，但你知道吗，除了死亡，我们也经常为其他许多事情悲伤。人们可能会无意识地为各种失去的东西感到悲伤。在与自恋者的关系中，悲伤扮演着重要的角色。你失去了本该从父母那里得到的东西，这一点永远无法弥补。面对这一现实并且坦然接受，这很困难也很关键。你为自己没有母亲教你如何顺利成长、如何了解自己而悲伤，你为内心那个受到忽视却总要扮演大人、被剥夺了童年的女孩悲伤。悲伤是最难克服的情绪之一，但不经历这一阶段，你就无法继续向前。

拒绝

悲伤的第一阶段是拒绝。不难理解，为逝者悲伤的人不愿相信那人已经永远地离开了。一旦你发现自己其实一直是在虐待中成长起来的，这种悲伤和拒绝的情绪就会变得更加复杂。你为之悲伤的人还活生生的，但随着疗愈的深入，你会意识到自己在成长过程中缺失了多少东西，以及这种缺失给你带来了多大的伤害。小时候你可能意识不到自己的处境有多糟糕，因为你被局限在这样的成长环境中，接受父母不够称职这一事实很难。相反，你更愿意相信与母亲偶尔的美好时光是常态，而那些丑陋的时光只是例外。不过等好起来以后，你就不会拒绝接受现实了。你可能在悲伤的几个阶段里反复徘徊，但总有一天，你会接受现实。

愤怒

你大概也猜到了，愤怒是悲伤的一部分。当你进入疗愈之旅的悲伤阶段时，你已经接受了现实，很可能会为自己曾经被虐待而感到愤怒。这种愤怒完全是合理的，因为你的确受到了伤害。在成长过程中，你遇到了太多羁绊，这些都需要你在日后的生活中逐一克服。这让你陷入了无休止地弥补童年缺失的怪圈中。回首过去，你会发现自己浪费了许多时间去讨好施虐者，又浪费了许多时间去面对自己内心的挣扎，而那些在父母精心的养育和有爱的环境中长大的孩子，则不需要面对这种难题。对方毫不在乎你，只是利用你获取关注，而一旦找到“更好”的关注供养源，就会把你丢到一边，这会让你非常愤怒。让你愤怒的事情太多了，请务必给自己一点时间，从容地度过这一阶段。

讨价还价

这个概念更复杂些，或许借助所爱之人去世，尤其是意外去世的例子会更容易理解。妻子坐火车上班却因为列车脱轨去世，这时丈夫该有多后悔，后悔自己怎么不早点回家送妻子上班，这就是讨价还价。在与自恋型母亲的关系问题上，你可能会希望最好朋友的母亲是自己的母亲，或者告诉自己：“如果在学校得了全优，妈妈就会爱我了。”很多时候，我们都会讨价还价，但这并没有用处。彻底接受事情本来的模样，才是疗愈的基础，而讨价还价是接受的对立面。悲伤的进程并不是从一个阶段平缓地过渡到另一个阶段，讨价还价更像是从愤怒后退了一步。但经历这种循环往复是正常的，只有这样，我们才能情绪稳定、心理健康地到达彼岸。

抑郁

不难想象，抑郁是悲伤的重要阶段。放到自恋型母亲的女儿身上，这种抑郁可能更复杂一些，因为我们很难辨别其根源。有些抑郁是器质性的，是由大脑神经功能障碍造成的；有些则是情境性的，是我们所处环境的产物。对于自恋型母亲的女儿来说，可能两者兼有。当意识到自己童年时被忽视了，可能还受到过言语或情绪虐待时，我们一定会感到伤心。但童年时，我们因为孤独、不被爱而感到伤心之余，可能还有器质性的抑郁。这种情况也很好地说明了环境如何能让心理问题进一步恶化。不难想象，手握一副烂牌时，即使遇到什么开心的事，你也很难高兴起来。

接受

到了这个阶段，我们终于开始挣脱枷锁。当我们能接受曾经经历的一切时，就为疗愈奠定了基础，可以建构一个全新的自我了。许多女儿从内心里无法接受现实，让她们把这当作一个目标去实现，她们就会感到害怕。她们觉得接受现实就意味着投降。直觉可能告诉你，怎么能接受自己的母亲不爱自己、一直在忽视自己，童年真的就像自己记忆中那样悲惨？但无论你如何抗拒、不愿接受，事实都不会改变。对现实抵触越久，困在过去中的时间就越长，就更无法抵达健康、有意义的人生。你在一个自己无法理解的环境中成长，但你的大脑需要在这种环境中找到逻辑和正义。要打破大脑里的这种逻辑和正义，顺利度过这一阶段，你需要克服重重障碍。尽管过程很艰难，但只要你开始承认并且接受现实，就一定会重获新生。

第四章小结

我希望你已经明白，你的未来由你自己掌控。

◇ 你学习了如何识别、管理你的情绪触发点。你了解了这些触发点如何困扰着你，让你陷入不健康的情绪循环中无法自拔。

◇ 你明白了建立和维护边界有多么重要，它能帮你找到通往疗愈的路。

◇ 你了解了沟通在建立和强化边界过程中的重要性。没有有效的沟通，边界就毫无用处，既不会被遵守，也不会被尊重。

◇ 如果你不想再维持与母亲的关系，本章提供了如何向她表达这一想法的参考范例。

◇ 你还了解了悲伤是疗愈的关键一步，这对你没有坏处。经历了悲伤，你才能重新开始、继续前进。

这一章的内容可能让你不知所措，甚至觉得有些可怕，这我能理解。成长需要很多必要的改变，一旦你接纳了这一点，就再也不必沉湎于过去。

第五章 突破循环

本章我们将探索如何让你摆脱自恋型虐待的影响。这不仅对你有影响，也会影响你的孩子及孩子未来的各种人际关系。你或许听说过，创伤是代际传递的。当你对自己的经历有了更多的理解，你可能会明白情况确实如此。自恋型虐待的代际影响非常复杂，毕竟很多人都可能在原生家庭中扮演过自恋者的支持者角色。而且，我们又容易被熟悉的人所吸引，因此更难摆脱恶性循环。

当你构建未来时，你可能发现自己已经把这种角色延续到了成人关系甚至与孩子的关系中。到我诊室的来访者都是想要打破链条的人，她们决定疗愈自我，结束人生的恶性循环。正如你所看到的，疗愈需要付出大量的时间和精力。它或许像一座高不可攀的山，但向着顶峰迈出的每一步都是值得的。你可以一步一步慢慢走，别放弃！

克服创伤

我在接待受过自恋型虐待的来访者时发现，偶尔有一些人会被“受过虐待”的说法所激怒，相比之下，被“受过创伤”的说法激怒的人则远远更多。给自己的经历贴上“创伤”的标签可能令人不适，毕竟你已经知道了做人应该坚强。表明自己受过伤就等于承认了自己很脆弱，那会带来不安全感。另一种可能是，你还没能完全接受生活的本来面目。“虐待”一词随处可见，或许你觉得自己的人生叙事用不到它，但事实是，如果你由自恋型母亲带大，你肯定从小就被忽视了，而忽视也是一种虐待。有些自恋型母亲的孩子还会受到身体或情感方面的虐待。虐待会带来创伤，而创伤会改变我们大脑运作和处理信息的方式。

我的来访者中，很多和自恋型父母一起长大的人都有PTSD或CPTSD。这里再强调一下，PTSD是正式的医学诊断，而CPTSD尚未被正式收入诊断手册中。

我接待的很多受过自恋型虐待的来访者都经历过解离。解离是一种常见的创伤应对方式：尽管和创伤经历相关的恐惧、愤怒等情绪还残留在很多人的脑海中，但他们会暂时或永久性地忘记创伤事件，有时候，创伤解离则表现为情绪疏离：人们清楚地记得事件的各个细节，但情绪上却与这段记忆分离，仿佛这件事是自己在电视上看到的一样。因为孩子们力量弱小，没办法掌控自己的生活，他们就更有可能使用解离来应对创伤。解离是为了保护自己，一旦触发了过于痛苦、无法处理的回忆，人们就会退回到解离状态。这种状态通常表现为切断与外界的联系，沉浸在自己的思绪里，甚至忘记了时间。

高度警惕也是PTSD和CPTSD的表现之一。它是另一种应对机制：经历过一次或持久创伤的人，会因为害怕危险再次出现而时刻保持警惕。

无论你是有某种精神障碍，还是只保留了童年时习得的破坏性应对机制，成年后，你都可能会与那些根深蒂固的创伤性行为做斗争。希望你明白，这些行为保护过童年的你，但如今你不再需要它们了。在治疗师的帮助下，你可以学会忘记这些应对机制，用更健康的行为取而代之，让自己回到当下。你可以试试下面这些方法：

◇ 了解更多关于创伤和PTSD的知识。

这能帮你更好地理解自己的经历，有很多人和你有过相似的经历。

◇ 加入当地的创伤支持小组。

很多人对此有积极的经历，研究也显示有社会支持网络的人更容易从PTSD中痊愈。

◇ 提醒自己，创伤反应是正常的，过去的已经过去了。

童年的创伤经历让你感到很不安全。不过，你可以想办法让自己明白：当下是安全的。看看四周，观察自己所处的环境，告诉自己，活在当下，如今你不会再受到伤害了。

◇ 咨询治疗师，如何应对残余的创伤反应或PTSD。

治疗师可以指导你进行缓慢的深呼吸训练，并制定策略，让你摆脱过去，回归现实。

重建自尊

自尊是一个人对自我尊严和价值的整体感受。自恋型母亲的女儿通常没有得到需要的养育和认可，以帮助她认识自身的价值。作为女儿，你可能把大部分精力和注意力都放在了母亲身上。你既没有时间也没有力量去探索自己是谁、哪些东西对你很重要，以及你自己内在的价值。你没能学习如何爱自己。而且，一直活在母亲的阴影下、天天被她训斥，深深伤害了你的自尊心，你可能会用非常消极的眼光看待自己。幸运的是，我们可以改变这种看法，而且你已经迈出了第一步。

◇ 练习爱自己、尊重自己。要做到这一点，建立边界是第一步，这样才能捍卫自己的权利。建立边界就是在关怀自我，是重建自尊的基础。

◇ 信任自己。身体一直在向你传递信息，是时候聆听一下了。幸运的是，即使我们被拒绝、被忽略，身体的本能反应也不会暂停。我猜，你的直觉从第一天就开始提醒你了，只不过你一直没能注意到。如今，你要跟着直觉走。什么对自己好、什么不好，你自己最清楚。

◇ 关注事实。多年来，自恋型母亲为了操控你，一直在编织关于你的各种谎言。但是，母亲不能操控现实。或许你总是不由自主地自我批评、自我贬低，但如果真的审视客观事实，你又是怎样的人？花些时间想想自己的成就，无论大小，比如你拿到了本科学位，或者把一只装在瓶子里的蜘蛛放了出去，而不是杀掉它。你取得了不少成就，你是有价值的人。你甚至可以写下一些有关自己的客观事实，无须对它们做出价值评判，然后大声朗读出来：它们是否与你的自我价值感相符？

是时候转移重心了，你应该关注自己，关注自己怎样才能疗愈，如何开展健康的生活。关注自己不等于自恋，而是花时间为自己疗伤。是时候放慢脚步了，不再处于求生模式，不再高度警惕。是时候关注当下了，仔细感受身边发生的一切，观察自己的情绪和身体反应。这样你才能了解自己，了解自己的价值，了解自己生命中重要的东西。

日常的自我肯定

疗愈过程中常听到的一句话是“假装久了就成真了”，就是说要假装自己已经拥有了希望获得的信念以及思考和行动的能力。最开始练习日常的自我肯定时，你可能觉得表扬自己很别扭、很尴尬。但时间长了，自我肯定就会变得很自然。你会相信，你对自己说的那些和善的话其实是真的。

最重要的是克服尴尬，坚持肯定自己，告诉内心那个小女孩，她有多么重要、多么坚强，而且一直如此。我常鼓励来访者在浴室的镜子上贴上肯定的话语，这样她们早起看到的第一句话就是对自己的肯定。

你对自己说的那些刻薄的话，可能只是在重复童年时别人对你说过的话。如果察觉到你在批评自己蠢，让思绪停下来，感受一下它有多么伤人。花些时间反驳这种说法。这项练习要立刻开始，我建议你每天对自己至少说五句肯定的话。下面是一些简单的例子。

◇ 我很重要。

◇ 我为自己感到骄傲。

◇ 我值得被爱。

◇ 我勇敢坚强。

◇ 我做事全力以赴。

那些肯定自己的话语，应该是发自真心的。你可以从这些例子开始，日后渐渐加入自己的日常肯定话语。

保护墙

要保护自己和家人，你必须学会珍视自己、爱自己。在疗愈和成长的路上，你必须学会把自己的兴趣和需求放在首位。这么做你可能很不习惯，因为你以前从没这样做过。从小到大，你是在母亲极端以自我为中心的环境中成长起来的。作为一个成年人，学习保护自己时，你可能觉得自己表现得很自恋，但一旦你开始了这项练习，就一定不想再回头。这里说的不是无节制购物、奢侈旅行这类表面的自我关怀，而是遵从你的直觉，远离有害的人际关系，在别人伤害你的时候学会拒绝。你值得拥有自己的爱和关切。下面，我们将介绍一些保障自己安全的方法。

保护自己

你大概也猜到了，要保护自己就需要设立边界。在这个意义上，你已经在自我保护上迈出了第一步。虽然和自恋型亲人互动会很累，但你可能没有想到为自己挺身而出也会让人心力交瘁。曾经，母亲总能随心所欲地操控你；如今你要打破这种恶性循环，她一定会百般阻挠。有任何一点改变，她都会强烈反抗，这不难预料，不过，这一切终究会过去。

用心理学术语表达，这里讲的是通过正强化和负强化来建立经典的条件反射。如果你和母亲打电话时她越过了你的边界，直接向她说明这一点，然后挂掉电话。这就叫负强化，即你拿走了她想要的东西——你的时间和关注。如果她尊重你的边界，你可以通过正强化奖励这一行为。假设你告诉她，你不得不取消和她在工作日的午餐时，她不能指责你不爱她。真遇到这种情况时，她就要尊重你的边界，做出礼貌的回应。这时你可以说："我很感激你能理解我今天不能和你共进午餐，我希望咱们改天再约。"这样，在你方便的时候，花时间去关注她，作为对她尊重边界的奖励，她的行为便能得到强化。

要想坚持这一练习，你也需要给自己一些正向强化，比如在守护了边界时对自己好一点。你要表扬自己，奖励自己一些独处的时间为情绪充电，还要提醒自己，你值得拥有平静和尊重。

保护家人

你或许注意到了，母亲也会试着操控你的孩子、伴侣或者其他和你亲近的人。这是典型的自恋行为，但因为你不是亲历者，所以很容易忽略这些事情。比如，母亲会给你丈夫发信息询问你的状况，因为她没法直接联系到你。母亲感觉自己正在失去对你的控制，这让她无法接受，因此她会试着通过其他途径维持这种权力。

孩子的问题比较难办，他们也应该有机会和外祖母在一起，对不对？如果外祖母想通过孩子抓牢你，或者直接把孩子当作自恋供养源的话，那就不能让他们待在一起。

对你来说，保护所爱的人可能比保护自己更自然，好好利用这一点。你为自己设定的边界应该和为孩子、爱人设定的一样。这也意味着你需要向身边人说明，自己为什么要保护他们不受母亲破坏性行为的影响。你或许需要讲述很多细节，因为即使是爱人，也可能无法理解你到底受到了怎样的情绪虐待。只要你和所爱的人好好沟通，他们最终一定会支持你建立保护墙。

你和母亲不一样

许多来我的诊室接受治疗的女孩都担心自己或许和母亲一样，可能也是一个自恋者。然而，你有这种担心，本身就说明你不可能是自恋者。自恋者一般不会寻求治疗，也不会承认自己行为反常。作为自恋型母亲的女儿，你可能有一些和她类似的特质，毕竟她养大了你，教你按照她的方式思考、行事。从你一出生，她就为你的未来准备好了模板，但在你成长到可以建立家庭关系之外的人际关系之前，你可能都不会意识到母亲的模板是不健康的。与家庭之外的人接触时，你会发现他们真的很善良而且不自私。阅读这本书的时候，你大概也意识到自己和母亲多么不一样了。

在我的治疗实践中，我还发现了一个现象：非常多的女性感觉自己是家庭的耻辱。这些自恋型母亲的女儿要打破的，可能是延续了几代人的情感虐待锁链。如果她们不按照母亲的要求行事，还会被母亲指责为不守规矩。如果家族的耻辱是这个意思，那把它当作勋章戴上吧，它能在你探索自我之路上助你一臂之力。如果你认为自己的行为很自私，或者总对人评头论足，静下心来反思一下自己的感觉和想法，这样才能改变自己。我们总能在自己的行为里看到父母的影子，无论是正面的还是负面的。当你觉得自己的行为的确有自恋特质时，关注一下是什么样的感觉让你如此行事。你可以打破这种循环：选择阅读这本书时，你已经迈出了第一步。

做自己的母亲

你可以给自己内心的小女孩送一份礼物：健康、有爱心、有教养的礼物。无论你如今年龄几何，养育自己内心的小孩都是有可能的，而且这很关键。一旦与内心的小孩建立联系，你就会渐渐清晰地看到一直以来盘踞在自己内心的痛苦，也会明白前进的方向。拜访内心的小孩、回顾痛苦的过往，这样你才能关怀、安抚那个从没得到爱与支持的自己。当内心的小女孩因为孤独、不被关心而悲伤时，陪伴在她身旁，给予她需要的爱与接纳。

呵护自己

幼年和童年时，你很可能没有得到足够好的呵护，不能与母亲建立安全依恋。遇到困难时，母亲也不会安慰你。

她觉得你的痛苦不值一提，这让你觉得自己微不足道。你拿到了学校音乐剧里的一个角色，母亲不会夸奖你；你得到“拼写小能手”的称号，她也不会为你庆祝。相反，她可能会说：“拼最后一个单词的时候你打磕巴了。”“怎么没拿到主角？”不管你为取得这些成就鼓起了多大的勇气，付出多大的努力，她都看不见。

幸运的是，肯定自己的付出，称赞自己取得的成就——你如今可以这样对待自己和内心的小孩。你可以和自己的童年照片交谈，告诉照片上的小姑娘，她挺过了那么糟糕的童年，你为她感到骄傲。告诉她你多么佩服她，哪怕从没有人在看台上为她的垒球比赛鼓掌，她依然顺利度过了校园时光。你要帮她理解，自己为什么总是感到悲伤孤独，还要告诉她，她应该得到更多东西。向她保证，你再也不会把她孤零零地晾在一边。安慰自己内心的小孩，为她提供一个可以自由感受情绪的空间，这样你就可以治愈自己内心的痛苦。

做自己的啦啦队队长

一旦你习惯了呵护自己内心的小孩，下一步就要学会为如今的自己加油助威。这是母亲从来没为你做过的事，现在，你要做自己的啦啦队队长。自恋型母亲的女儿习惯了被晾在一边，默默地完成自己的目标，得到的认可却只有一星半点，甚至根本无人知晓。是时候改变这种状况了，为你想庆祝的一切欢呼吧——无论大事、小事，还是不大不小的事。

因为已经习惯了别人对自己的忽视，你可能会觉得为自己加油喝彩太让人尴尬，也太自负了。但无论如何，请试一试。做自己的啦啦队队长，对你认识自我、逐渐形成身份认同至关重要。你可以从小事做起，比如强忍着困意叠完了所有衣服之后，你可以稍稍手舞足蹈一下，或者升职的时候给自己买个小礼物。为自己的成就庆祝吧，想怎么庆祝就怎么庆祝。

自我怀疑的时候，记得提醒自己，你是个聪明、温柔、开朗又富有同情心的人。达成目标之后，拍拍自己的肩膀，告诉自己好样的。取得了值得骄傲的成绩，就去下一次馆子，或者把好消息分享给朋友或爱人。你发现了自己的价值，就应该得到关注和赞美。做自己的啦啦队队长，也是在关怀、爱护自我，你早就应该这样做了。

做自己的母亲

人人都需要母亲的养育，需要她们教我们如何爱、原谅自己、探索周围的世界，以及弄清楚我们到底是什么样的人。自恋型母亲做不到这些。由于没有从母亲身上得到必需的养育，面对痛苦时，你可能会发展出一套不健康的方式来应对。母爱的缺失可能让你为自己感到羞耻，觉得自己一无是处。做自己的母亲能帮你治愈痛苦。你会明白，一个慈爱温暖、温柔体贴的母亲是什么样子的。扮演母亲角色时，你会越加清晰地了解自己内心的需求。

如果你在其他母亲身上看到了引起自己共鸣的特质，可以分析并模仿这些特质，用同样的方式对待自己内心的小孩。这些模范母亲可以是你认识的人，也可以是书或电影里的人物。

你可以试着对自己说下面这些话：

◇ 经历坏情绪并不意味着你就是坏人。

◇ 情绪不能定义我们。跟随你内心的感觉走，情绪终将过去。

◇ 即使犯了错误，你依然值得被爱。

◇ 为自己骄傲不等于自恋，你和那个将你养大的自恋型母亲不一样。

◇ 你不必依赖那些童年发展出来的不靠谱的技巧来避免痛苦。你是成年人了，你可以掌控自己的生活了，你可以保障自己的安全。

◇ 做自己，从现在起尽情享受生活。

支持团队

我的许多来访者都缺少一个可以帮助她们度过疗愈过程的情绪支持团队。这也不奇怪，作为自恋型母亲的女儿，你一定已经学会了自己照顾自己。你可能很难信任他人，不愿让他们支持自己。随着你逐渐学着以正确的方式保护自己的情绪，你也应该渐渐放下戒备，允许他人来支持你。他们可以是情绪健康的亲人、友人、宗教团体、治疗师、创伤支持团体等。

在疗愈过程中，身边有人支持你，会给你带来不可估量的帮助。鼓励自己，克服不适感，寻求他人的帮助吧。试着摆脱你在给别人添麻烦这种想法——那只会让你更加孤立。确定了谁能给你支持以后，就采取行动吧，如果感到情绪低落，或者需要有人告诉你自己的选择是对的，就可以与他们联系。你可以跟人倾诉你的恐惧和悲伤，分享成功的喜悦。朋友会认可你的经历，而认可正是自恋型母亲的女儿真正需要的。知道有人在你身边，会让你觉得有人接纳你、爱着你，也能时刻提醒你，你是有价值的。

案例　阿曼达学会了呵护自己

阿曼达第一次来寻求心理治疗，是因为父亲指责她是家里最情绪化的人。阿曼达觉得父亲可能有自恋型人格，在对此做了充分的研究后，她选择寻求治疗。父亲控制欲强，总想操控她，阿曼达认为有必要学习一些技巧，来处理他们之间的关系。在治疗过程中，阿曼达对父亲的看法发生了改变。她意识到，父亲的要求实际上来自母亲。父亲并非自恋者，而是纵容者。她终于意识到，父亲是母亲的“飞猴”，妹妹是母亲的“完美宝宝”，而自己只是“替罪羊”，这些都是自恋型家庭中常见的角色。

随着时间的推移，阿曼达逐渐开始了解并清楚了家庭里的关系，她也意识到只有心里平静了，自己才能获得真正的平静。家中的毒性相处模式，意味着阿曼达无法从原生家庭成员那里获得支持。在治疗过程中，阿曼达看到了做自己的母亲、呵护自己内心的小孩有多么重要，也勇敢地接受了这一挑战。她按照本书中的步骤和方法，进行了大量的练习，和她内心的小孩建立了联系。

阿曼达是个好奇心、适应性都很强的人，她尝试了很多的方法来进行疗愈。她一度困在蹒跚学步的状态里，过了好几个星期才能够在治疗中谈论自己的感受。这个障碍表明，作为一个蹒跚学步的孩子，她还无法用语言表达自己的感受。意识到这一点后，阿曼达终于能够说出处于婴儿期的自己无法描述的感受——恐惧，从而得以进入下一个阶段的治疗。

在疗愈之旅最美妙的时刻，阿曼达想象着各个年龄段的自己在夏威夷的海滩上相遇，投入她慈爱的怀抱。她呵护着每一个成长阶段的自己，终于感觉自己是完整的。她无条件地接纳和爱着每一个阶段的自己，每经历一个阶段，她都给了自己足够的治愈时间。不难想象，整个疗愈的过程花了几个月时间，伴随着许多泪水、许多欢笑。阿曼达做到了，她明白了自己的重要性，全心全意地为自己提供了爱与支持。

第五章小结

本章的重点，是学习了一些精准的术语——创伤、忽视、虐待等，以帮助你理解自己的经历。你挺过来了，如今的你需要学习一些技能，来搞清楚自己究竟是一个什么样的人、如何保护那个全新的自我。承认自己经受过复杂的创伤是很重要的一步，如果你不能正确认识这段经历，就是在否定过去，曾经受到的忽视永远没办法化解。承认事实也是一种自我关怀。做到这一点，你才能重塑自己、关怀自己。

以下是我希望你能从本章中学到的：

◇ 你经历过情感上被忽视的创伤，或许还经历过其他创伤。

◇ 你从来没有机会建立一个可靠的自我意识，就更谈不上自尊了。

◇ 你过去将自己视为一个永远达不到母亲要求的人。

◇ 不论有哪些相似之处，你和你的母亲依然不是一类人。你可以成为一个善良、富有同情心和爱心的人。

◇ 你有能力成为自己一直渴望拥有的那种照料者。那个被忽视的小女孩依然住在你的心里，等待着你的关注和爱。

◇ 你有值得依赖的人。你可以建立自己的支持网络，依靠他人的爱和鼓励走过疗愈之路。

第六章　关怀自己

每当治疗师强调自我关怀的重要性时，我们并不是鼓励你每天沉迷于泡泡浴或泡温泉（当然，这也是很好的自我关怀方式）。我们想知道的是你有没有睡一个整觉，是否喝了足够多的水，饮食是否规律又健康。我们想知道你有没有花时间洗澡、换上干净的衣服，有没有好好刷牙、洗脸。

作为一个在虐待和忽视的环境中长大的人，你或许意识不到一些基础的自我关怀有多么重要，包括个人卫生。被一个自恋者养大，你学会了把自己的需求放在第二位。但照顾好每一天的自己，是至关重要的。即使在情绪低落的时候，关心自己也是在证明你值得被爱。自我关怀能让你保持心理健康，建立自尊和自我意识。接下来，先介绍一些基础知识吧。

自我关怀的重要性

当你养成了良好的自我关怀习惯之后，你的心理状况也会更加稳定。在疗愈自恋型虐待和忽视造成的创伤时，很重要的一点就是你要放弃“先满足别人后满足自己”的想法。从小到大，你总把自己放在最后一位，因为这是你母亲想要的，她的需求永远是第一位的。现在轮到你体验被关怀的感觉了。

是时候把精力放在自己身上了：关注身体发出的需求信号，用爱和接纳滋养你的心灵。经过练习，你会懂得如何生活，你将体验到爱自己是一种什么样的感受，感觉不好的时候，你可以拒绝。多关注自己的直觉，人人都有直觉，它是我们最好的向导之一。

我在从业过程中，遇到许多自恋型母亲的女儿，她们都很害怕陷入另一段自恋型关系中，担心落入和母亲交往的那套旧模式里。对此我有几点建议：

◇ 永远相信自己的直觉。

◇ 关注身体的报警信号。

◇ 不要给他人的行为找借口。

◇ 接受这样一个事实：并非所有人都具备你需要和欣赏的那些品质。

◇ 拒绝一切让你感到危险、不稳妥的人和事。

与内心的自我和谐相处的能力需要练习。不要高度警惕，放下过度忧虑，这样你才能更好地感知自己的直觉。

更深层次的自我关怀在于与他人的联结，前面我们谈论过支持网络的重要性。人类本质上是社会性动物，需要彼此间的联系。

你可以和那些让自己感到平静的人或事保持联结，比如投身大自然，或者去教堂做礼拜。锻炼也是一种非常重要的自我关怀方式。运动可以让你了解自己的身体经历过哪些压力和创伤。

冥想与自我关怀

可以将冥想作为自我关怀的开端，因为它是安静且以自我为中心的。不一定非得坐在寂静房间的地板上、闭上眼睛才能冥想，你可以坐在自己最喜欢的椅子上、躺在一棵美丽的树下或者选择任何舒适的地点。专注于你的呼吸或者身体的感觉。静下心来，认真关注脚尖的感觉，然后把注意力慢慢地转移到身体的其他部位。愿意的话，你可以重复一句肯定性的颂词。如果思绪飘移了，暂停下来，看一下是什么让你走神了，然后让思绪再次回到此时此刻。

冥想对经历过创伤的人尤其有效，因为它的核心在于关注自身、关注当下。经历过创伤的人可能经常被困在过去的回忆中，而冥想能帮你回到此时此刻。即使只是冥想一小会儿，也可以帮助你在难过时重新关注当下的自己。

放松控制，学会接受

学会接受现实能改变人的一生。就像悲伤需要经历一个完整的过程一样，接受也不是一蹴而就的。因为接受有时候会被误解为放弃或投降，我们可能需要与之做一番抗争才能做到。其实，接受现实是你能为自己做的最勇敢的事情之一。一旦不再讨价还价地想象过去的各种可能，你就得到了解放。你不再活在“要是……就好了”的懊悔之中，可以着手建立自己想要的生活。

你一定曾经想过：“要是我的成绩再优秀点就好了，要是我的芭蕾舞跳得再出色点就好了，要是我有一技之长就好了，那样妈妈一定会花更多的时间陪我。”你也可能想得更现实：“要是妈妈温柔一点就好了，要是她不是我妈妈就好了，要是邻居苏西阿姨是我妈妈就好了……”这说明你还没能接受现实，这样的想法只会让你止步不前。

你必须彻底接受自己的过去和现在，不再生活在假想的世界里。只有接受了生活的真相，你才能为自己构建更好的未来。你的母亲或许对生活要求很高，你可能从她那里学到了穿高端定制服装、住高档小区就能带给你幸福，但真的是这样吗？放松控制的一个方面，就是不再奢望自己没有或不曾有过的东西，而是对自己拥有的一切心存感激。阳光明媚的日子，美丽的花朵，或者有了一件自己最喜爱的睡衣，都能成为快乐的源泉。这些事物虽然很小很普通，却能让你的生活变得有意义。相比浪费时间虚构一个根本不存在的完美过去，学会接受现实要积极得多。

你可以在脑海里总结一下，你生命中有哪些事情可以带来满足感（可以把它们写下来），这能帮你完成从控制到接受的转换。如果你能学会轻松自如地面对各种经历，也就能够放下那些无关紧要的事情了。当你体会到和一位真心爱你的朋友聊天时感觉有多好，你也就不需要一直回避过去。相反，你能彻底地活在当下、享受当下。

控制的幻觉

过去遭受的虐待和忽视，让你想要尽可能地控制自己的生活，甚至可能对儿时缺乏掌控的经历做出过度补偿。然而，你只能控制你自己和你的反应，任何控制身外事物的尝试都是徒劳的。不管你多么努力，你对外在因素的控制都非常有限，更无法控制他人的行为。自己拥有控制力的幻觉很吸引人，甚至让人无法抗拒，不过一旦意识到那只是一种幻觉，你就会感到更加自由。

放下控制的幻觉也就是在练习接受现实，这样才能清理你头脑中的空间，让你有精力去做其他事情。你可以用这些精力去悉心探索怎样才能疗愈自己。

很多时候，我们放不下对生活的控制欲，是因为我们怀有很多不切实际的期待：你希望事情是另一番模样，或者渴望公平；你希望为过去的冤屈讨回公道。放下期待，接受现实，是知足常乐的关键。

设定人生目标

在疗愈的过程中，为了摆脱过往经历带来的痛苦和折磨，你或许已经设立了一些目标。如果你按照这本书里介绍的方法来做，目标就一定能够实现。目标能让你在疗愈之路上坚持走下去，也是你不断探索自我的基础。你得清楚自己想过怎样的人生，想做什么样的人。目标能帮你保持正确的方向，让你不至于陷入悲伤的循环里，或者一味奢望改变过去。你可以按照自己的意愿展望未来，再也没有母亲会来控制你的生活，让你按她的喜好着装、行事，无条件地仰慕她，而忽略了你也是一个独立的个体。

你选择的目标必须能引起内心深处的共鸣，否则你没办法坚持到底。下面这些目标或许可以为你提供一些参考：

◇ 改变那些不是出自真心的行为或思维方式。比如你可能习惯答应别人提出的所有要求，为的是能避免冲突，现在你就要允许自己说“不”。如果你不确定能否满足别人的要求，请允许自己花时间考虑一下。

◇ 花些时间思考自己相信什么、看重什么。他人表达看法的时候，关注一下自己内心真实的反应。花些时间品味自己的各种感受，找到让自己感觉最舒适、最真实的状态，然后关注一下此时你身体和内心的感受。你最真实的想法和观点能带给你舒适和安全感。

◇ 信任自己的智慧。和母亲在一起的日子里，你一直屈从于她的权威，服从她的决定，结果就是你没能学会信任自己。是时候改变这种思维方式了。你需要抓住各种机会做出遵从自己内心的决定，无论大小。正确的决定值得庆祝，把错误的决定当作珍贵的学习机会。

案例　梅琳达拥有了力量

这本书里我们多次提到，用爱和关心来养育你内心的小孩，是疗愈之旅的重要组成部分。内在小孩疗法能帮你建立健康的依恋关系，你可以借鉴一下我的来访者梅琳达的做法。

内在小孩疗法是我在治疗中使用的一种方法，梅琳达借助这种疗法实现了自己的目标，她感觉自己终于完整了，开始信任自己。梅琳达曾经试图通过服从母亲的要求来修复二人的关系。因为住得远，她和母亲每年只能见几次面，因而她觉得保持这种关系倒也还行。不久前，因为家里正在装修，梅琳达决定不再事无巨细地为母亲即将的来访做准备。以前，梅琳达可是会拿小刷子把屋子每处都打扫一遍，确保每一个角落、每一条缝隙都是干净的。

梅琳达认为自己已经和母亲划定了边界。可随着母亲到访的日子越来越近，她发现自己一直在避免和母亲进行日常的电话交流，见面时，她又会容忍她的各种行为。梅琳达决定，她再也不想花心思满足母亲的期待了，她要努力在母亲面前“做真实的自己”——好也罢，坏也罢。

梅琳达开始相信自己。她为要不要给客厅添新家具而焦虑不安，因为她知道如果买了，母亲一定会质问她为什么花钱。梅琳达给自己布置了一个任务：静下心想一想，谁是值得她信任、可以掌控她生活的人？梅琳达决定相信自己。她下决心买了新家具，而且只告诉母亲旧家具需要换了，便不再做更多的解释。为了实现自我信任的目标，梅琳达每次都迈出一小步，比如相信自己在房子装修上的判断。她听从了自己内心的渴望，认可了这些选择的合理性——这是她童年没经历过的。母亲到访时，梅琳达为自己独自完成了房屋修缮和家具配置而骄傲。她没找借口，也没有道歉，因为她现在相信自己完全可以做决定了。

设定目标小贴士

关于如何有效地实现目标，已经有了许多研究。研究表明，目标越小、越切实可行就越有效。如果我们只设定总体的大目标，而不设定达成大目标的小步骤，就很可能因为无从下手而放弃大目标。比如，你的目标是让自己的言行得到母亲的尊重，那么第一步就需要建立边界。同时，强化边界也是获得母亲尊重这一大目标的一部分。如果你只是告诉她“我不允许你不尊重我了”，那么你要怎么做到呢？大目标是获得尊重，小的步骤就是明确地告诉母亲，你可以接受她的哪些行为，无法接受哪些行为。要达成目标，你需要表明自己的边界，并通过事先考虑好的具体行动不断强化边界。另一个目标是相信你的直觉：如果一件事让自己感到不对劲，你采取的应对方法就可以是退后一步，审视自己的内心，然后再谨慎前行。

寻求专业帮助

如今，人们对心理健康的理解和接受度达到了前所未有的高度，但我们仍没能完全消除围绕心理问题产生的各种负面印象。每个人都有可能在人生某个阶段需要专业的心理帮助，这没什么可羞耻的。自恋型虐待常发生在看不到的地方，受害者甚至很难开口描述自己的经历。你很难向朋友解释，为什么母亲批评你的妆容能让你情绪崩溃，因为你没办法解释隐藏在批评背后的深层含义。

治疗师能理解这种批评的微妙之处，并帮助你理解为什么它们会刺痛你的神经。虽然专攻自恋型虐待的治疗师不多，但大多数治疗师都理解自恋型人格障碍以及它在情绪虐待中扮演的角色。向治疗师寻求帮助的另一个好处，是你有机会了解健康的关系是怎样的。尽管你和治疗师之间是职业关系，但你们依然会产生联结，你要学会信任治疗师，才能向他们诉说你的痛苦，让他们给你提供帮助。在和治疗师接触的时间里，你做出的每一个改变都会得到支持、肯定和鼓励。

一些专业书，比如这本书，也可以对你的疗愈有所帮助。你还可以选择线上或线下的支持小组，比如社交媒体上就有一些自恋型虐待受害者发起的互助小组。

不过，这些替代资源并不能取代专业的治疗。关于这一话题有书籍、治疗师和互助团队存在，就是对此很好的佐证。你会发现，自己并不孤单，还有其他女性有与你类似的经历。自恋型母亲造成的伤害很大程度上决定了你如何与伴侣、同事、超市收银员、保姆和孩子打交道。接受治疗可以让你相信你正朝着正确的方向前进，也能在你迷失方向的时候带你回归正途。

你可以通过角色扮演，与治疗师练习如何与母亲交谈。你可以从治疗师那里知晓，你的经历和感受都是正常的。受过良好训练的治疗师知道该如何帮助你走过疗愈之路。疗愈需要大量的努力，你完全没必要独自面对。请接受身边可用的帮助，开始过你一直梦想的生活吧。

第六章小结

这一章强调了自我关怀在疗愈中的重要性。接纳自己、爱自己，非常有必要，这并不代表你是一个自私或软弱的人。最初接触时，你可能觉得这些概念很陌生，但你会习惯这种被重视和有价值的感觉。母亲传递给你的信息是你为满足她的需求而存在，但如今你已经明白了，她这种期待是不合理的。你有理由相信，你值得被爱，理应得到别人的善意与尊重，而且现在你已经掌握了一些技巧来获得这些东西。

我希望你能将那些虐待你的人从你的生活中清理出去——无论是谁，哪怕是亲生母亲。和支持你、爱你的人在一起，放心地建立自己的家庭和支持体系吧。最后我想说，向治疗师、互助小组或任何相关机构寻求帮助并不可耻。

回顾一下本章的要点：

◇ 你需要关怀自己。

◇ 控制欲没有那么重要。

◇ 接受事情本来的样子，能让你的心灵得到解放。

◇ 设立目标会让你保持专注。

◇ 治疗是一种重要的工具，能帮你过上更好的生活。

结　语

恭喜你！你正在打造一个充满信心、信任、爱和接纳的人生。接受自己受到了自恋型虐待这一事实，需要付出很多努力，而接受自己受到了母亲的虐待这一事实则需要更大的努力。通过阅读这本书，你已经迈出了完全接受事情本来面目的第一步，这很可能是通往心理健康之路上最重大的一步。

能帮助你走过成长、疗愈之路的书很多，这只是其中一本。在你日后的疗愈之路上，记得常常回顾一下从书中学到的技能，来强化你正在采取的行动，从而疗愈自恋型母亲造成的创伤。请记住，总有人能理解你所经历的一切，他们会给你支持。去寻找这样的人，和他们建立安全的关系吧。对了，永远信任你的心！那是你的直觉所在，一旦开始关注直觉，你就会发现它几乎从来不会让你失望。

身体还会向你发出其他信号，你可以和治疗师一起解读这些信号。如果感觉不知所措，请倾听身体的建议，或许你需要静坐一会儿为自己充电。必要的话，允许自己打个盹儿：你在疗愈创伤，而休息能帮你更快地恢复。请记住，把自己的需求放在首位是完全没问题的。实际上，有时候你必须把自己放在首位，才有能力满足他人的需要——如果你愿意的话。建立边界，不必为此感到愧疚，记得提醒自己，健康的关系源自良好的边界。

请一定记住，你可以对自己不情愿或者让你警惕的请求说“不”。如果直觉告诉你应该拒绝某个要求或请求，信任你的直觉吧。留心关注生活中那些美好的事物，并对此心存感激，去做那些让你快乐的事。感恩会改变你的看法，你会理解自己已经付出和将会做出哪些努力，并为自己的行为感到骄傲。在你感觉舒适的范围内参与社交，毕竟，最内向的人也需要与他人联结。良好的友谊能抚慰母女关系带给你的负面情绪。

你已经接受了这项挑战：疗愈创伤，成为理想中的自己。这不是轻而易举的小事，可能是你生命中最重要的一段旅程。所以，即使你觉得不可能，也要坚持下去。最重要的是请一定要牢记，你能做到的！

参考资料

American Psychiatric Association. *Diagnostic and Statistical Manual of Mental Disorders,* 5th ed. Arlington, VA: American Psychiatric Association, 2013.

Harvard Health Publications. "Not Getting Over It: Post-Traumatic Stress Disorder." Last modified March 2014. Health.Harvard.edu/newsletter_article/Not_getting_over_it_Post-traumatic_stress_disorder.

Jankowiak-Siuda, Kamila and Wojciech Zajkowski. "A Neural Model of Mechanisms of Empathy Deficits in Narcissism." *Medical Science Monitor* 19 (November 2013): 934–941. doi: 10.12659/MSM.889593.

Lee, Louise. "Focus on Small Steps First, Then Shift to the Larger Goal." *Insights by Stanford Business.* May 17, 2017. GSB.Stanford.edu/insights/focus-small-steps -first-then-shift-larger-goal.

Linehan, Marsha M. *DBT Skills Training Handouts and Worksheets.* New York: Guilford Press, 2015.

National Center for PTSD. “Self-Help and Coping.” Accessed May 17, 2020.PTSD.VA.gov/gethelp/selfhelp_coping.asp.

Stinson, Frederick S., Deborah A. Dawson, Rise B. Goldstein,S. Patricia Chou, Boji Huang, Sharon M. Smith, W. June Ruan, et al. “Prevalence, Correlates, Disability, and Comorbidity of DSM-IV Narcissistic Personality Disorder: Results from the Wave 2 National Epidemiologic Survey on Alcohol and Related Conditions.” *The Journal of Clinical Psychiatry* 69, no. 7 (2008): 1033–45. doi:10.4088/jcp.v69n0701

译后记

过去十几年，人们对心理健康的关注似乎越来越多了。

身为90后的我，目睹了人们对一些心理疾病由陌生到熟悉再到理解的全过程，如焦虑症、抑郁症等，也看到越来越多的心理学专业人士借助新媒体平台进入大众视野。2000年初，我在家乡小城上中学，学校里的心理咨询室常年关闭，形同虚设。在我成长的那个封闭的小环境里，任何脆弱的情绪似乎都会让人觉得羞耻，哪怕鼓起勇气和身边的人提起，听到的大概率也不过是“你不要想太多”之类的话而已。

自豆瓣的“父母皆祸害”小组起，人们对原生家庭的探讨就一直没有间断过。我无法判断这种重新审视亲子关系的“潮流”是否为80后、90后所独有。但可以肯定的是，我们是在很特殊的环境里成长起来的：一方面，随着改革开放和中国经济的高速发展，我们与父母之间，无论是童年时的物质和文化环境，还是成年后面对的社会规范与期待，都有着几乎断崖式的差别；另一方面，我们是独生子女一代，而父母基本上都是在多子女家庭中成长起来的，亲子间的互动方式可能在无意识间就发生了变化。与此同时，“养儿防老”“父为子纲”“重男轻女”等传统观念并没有完全消失。或许正是因为未来、现在与过去的复杂交织，让我们这一代人对亲子关系有了更加独特的感知，也更愿意有意识地去反思亲子关系在自己人生中留下了怎样的印记。

这本书探讨的是亲子关系中很重要的一环：母女关系。与母亲的关系，几乎是所有人生命中建立的第一段关系，也可能是最重要的关系之一。从我们降生的那一刻起，母亲就养育着我们，也塑造着我们。要是再有一个工作繁忙到脚不点地或者回家就当甩手掌柜的父亲，那母亲对我们的性格培养、人格形成和与这个世界互动方式的影响就可以说是具有决定性的了。

虽然书中“自恋型母亲”的说法在中文网络上并不常见，但书里引用的事例对中国读者来说或许似曾相识：母亲会苛责女儿的外貌，哪怕有一点点不合心意的地方，都会向女儿传达出“你给我丢人了”这种信号；对女儿严格要求，只有在女儿取得好成绩时才会给予一点积极的关注；

觉得女儿应该帮助自己，如果女儿没有时间或者精力满足自己的要求，她就会生气。虽然母亲可能是无意识的，但她希望女儿能够照顾自己的情绪……这些美国妈妈的话语、行为平移到中国妈妈身上，可能是当着“外人”的面评价女儿的打扮，是总拿女儿和“别人家的孩子”比较，是一句“看我拿着这么多东西也不来帮忙，真没眼力见儿”，认为女儿寄一点工资给父母是天经地义的。有的时候，妈妈可能忘记了作为“妈妈”的责任，也忽略了女儿是一个独立的个体，有着自己的喜怒哀乐、愿望和理想。

童年时，母亲怎么对我们，给了我们怎样的生活，我们都会以为这就是正常的生活。可以说，母亲就是我们的“全世界”，母女关系中存在的一些问题，往往要等到我们成年之后才会意识到。直到和恋人的关系陷入了困境，或者突然开始无节制地自我怀疑、自我批评，我们才会开始怀疑，是不是小时候妈妈对我们的期待太高、管理太严了？只有我们从童年的小环境中跳脱出来，见识到了不一样的世界，才能意识到妈妈提出的一些“理应如此”“别无选择”的要求，也许并不合理。

读这本书，并非要我们对号入座地给母亲贴上自恋与否的标签。实际上，哪怕一个母亲没有临床意义上的自恋型人格障碍，有时候她也难免会做出忽略女儿主体性、跨越个人边界的事情，给女儿带来或大或小、或长期或短期的伤害。毕竟，母亲也是人，一个女人做了母亲，就要求她变得十全十美是不符合人性的，也根本没人能够做到。而且不要忘了，我们的母亲在她们还是女儿的时候，她们的情绪和主体性也有可能被她的父母忽略了。

如果你正在经历挫折或正处于迷惘期，这本书或许能为你提供一个解读自己当前处境的新思路。书中既有与自恋者相关的理论，告诉你自恋者哪些行为越界了，帮你理解这些行为背后可能存在的原因和动机，也有一些生动的实例，让你看到不健康的母女关系对女儿的成长和人生会带来怎样的影响。每个人的经历都是独特的，并不是所有人的痛苦都源自原生家庭和亲子关系，但这本书能带给你一个全新的切入点、一个反思的契机。书中关于亲子关系的一些理论，一定程度上对亲密关系、朋友关系也适用。

除了谈到亲子关系中可能出现的问题之外，这本书提出的另一个要点就是疗愈。或许你已经发现了，童年时母亲的一些话语、行为在你心里留下了不可磨灭的负面影响，让你如今依然难过、挣扎。或许，你为自己内心的痛苦找到了其他的源头，但寻找原因只是第一步。如果只认为“都是妈妈不好”，就不再继续探索下去了，那么我们日后的人生也不会好过。选择读这本书，说明你一定已经具备了成熟独立的思想和人格。书里提到的一些具体技巧和方法，会让你进一步发掘自己的独立性，学会自我疗愈。

当然，虽然这本书以母女关系为主线，但书里提到的分析和疗愈方法却不局限于母女之间。如果你是儿子，或者给你的成长带来伤害的是父亲，这本书依然会对你有所启发。

记得前两年，一些热门的社会事件曾经引发许多“父母皆祸害”的讨论，年轻人聚集的知乎上，发出不少声讨父母的长文。如今，虽然那些抱怨、斥责的声音并没有减少，但已经有越来越多的人愿意讲述自己如何主动修复或重塑亲子关系的故事了，也有不少心理学人士从专业角度给亲子关系陷入僵局的年轻人提出了不少好的建议，这应该算是一种进步吧。

或许，作为同时代的年轻人，我们已经通过线上和线下的联结，一同踏上了疗愈之路。我们和父母可能存在观念上的差异甚至分歧，也可能会埋怨他们在我们小时候做的一些事情。但是，我们不应该沉浸在“受害者”的身份里，我们应该去反思、去探讨，主动去寻找走出童年阴影的方法。这是掌握在我们自己手中的力量，希望我们都能把生活过成自己想要的样子。

郭典典

2022 年 5 月 20 日